苜蓿干草收获技术及干燥机制研究

刘鹰昊　苏日娜　卢　强　王永杰
蔡　婷　张连义　王　佐　刘　琳　著

中国农业科学技术出版社

图书在版编目(CIP)数据

苜蓿干草收获技术及干燥机制研究 / 刘鹰昊等著 . --北京：中国农业科学技术出版社，2023.11

ISBN 978-7-5116-6493-8

Ⅰ.①苜… Ⅱ.①刘… Ⅲ.①盐碱地-紫花苜蓿-干草-研究 Ⅳ.①S816.5

中国国家版本馆 CIP 数据核字(2023)第 210340 号

责任编辑 李冠桥
责任校对 贾若妍 李向荣
责任印制 姜义伟 王思文

出 版 者 中国农业科学技术出版社
北京市中关村南大街 12 号 邮编：100081
电 话 (010) 82106632(编辑室) (010) 82109702(发行部)
(010) 82109709(读者服务部)
网 址 https://castp.caas.cn
经 销 者 各地新华书店
印 刷 者 北京捷迅佳彩印刷有限公司
开 本 140 mm×203 mm 1/32
印 张 2.875 彩插 2 面
字 数 63 千字
版 次 2023 年 11 月第 1 版 2023 年 11 月第 1 次印刷
定 价 30.00 元

#《苜蓿干草收获技术及干燥机制研究》
著者名单

主　著：刘鹰昊　苏日娜　卢　强　王永杰
蔡　婷　张连义　王　佐　刘　琳

副主著：包玉山　石　泉　吕明举　于浩然
成启明　常　春　包力高　纪　峡
张晓萝　吴　朝　赵晶晶　张　娜
王　静　马　力　杨　栋　李　昕
杨永清　宿春伟　曹春玲　娜仁格日乐
郝林凤　徐广祥　王　杨　降晓伟
李宇宇　尹　强　撒多文

内容简介

本书以河套地区与土默特平原的交错带包头市哈林格尔镇苜蓿（*Medicago sativa* L.）种植基地为试验点，以耐盐碱的苜蓿品种‘中苜3号’为材料，以非盐碱、轻度盐碱、中度盐碱和重度盐碱化的种植地为切入点，采用单因素、双因素试验设计，利用SPSS、Sigmaplot和Photoshop软件，结合方差分析和回归分析，研究发现以下规律。

（1）综合苜蓿鲜草产量、干草产量、鲜干比、茎叶比、干物质（DM）、中性洗涤纤维（NDF）、酸性洗涤纤维（ADF）、粗蛋白质（CP）和相对饲用价值（RFV）得出：河套地区盐碱地苜蓿最适留茬高度为4~6cm。

（2）综合两茬翻晒试验得出：与翻晒0次（T0处理）相比，在非盐碱地，翻晒2次（T2处理）达目标含水量所需时间短，品质高；在轻度盐碱地，T2处理没有缩短干燥所需时间，但营养品质高；在中度盐碱地，T2处理减少了干燥所需时间，但降低了品质；在重度盐碱地，T2处理没有减少干燥所需时间，对品质无影响。

（3）苜蓿超微结构图表明，与T0处理相比，T2处理茎部撕裂程度深，具体为：非盐碱地和轻度盐碱地T2处理撕裂态从髓组织延伸到木质部，中度和重度盐碱地 T2 处理髓组织撕裂，表皮相应脱落。

（4）干燥前期（刈后第 1 天 8：00—20：00），地表土壤温度与苜蓿水分含量呈负向线性关系（非盐碱地：$r^2=0.582$，$P<0.001$；轻度盐碱地 $r^2=0.834$，$P<0.001$；中度盐碱地 $r^2=0.558$，$P<0.001$；重度盐碱地：$r^2=0.500$，$P<0.001$）；在非盐碱地和中度盐碱地，地表土壤湿度与苜蓿水分含量呈正向线性关系（非盐碱地：$r^2=0.697$，$P<0.001$；中度盐碱地：$r^2=0.565$，$P<0.001$）；在轻度和重度盐碱地，晾晒草层湿度与苜蓿水分含量存在正向关系（轻度盐碱地：$r^2=0.860$，$P<0.01$；重度盐碱地：$r^2=0.791$，$P<0.05$）。

（5）干燥前期，苜蓿水分散失与叶片水势和 K^+含量密切相关。植株水分随着叶片水势的增高而降低，呈负向线性关系（非盐碱地：$r^2=0.932$，$P<0.001$；轻度盐碱地：$r^2=0.718$，$P<0.001$；中度盐碱地：$r^2=0.853$，$P<0.001$；重度盐碱地：$r^2=0.945$，$P<0.001$），在夜间，叶片水势降低，吸潮能力增强，水分含量也相应增高；叶片 K^+含量与水分含量呈正向线性关系（非盐碱地：$r^2=0.844$，$P<0.001$；轻度盐碱地：$r^2=0.773$，$P<0.001$；中度盐碱地：$r^2=0.853$，$P<0.001$；重度盐碱地：$r^2=0.858$，$P<0.01$）。

目　　录

图表目录

1 引言

1.1 研究背景

土壤盐碱化是制约全球农牧业和林业发展的重要因素。土壤盐碱化问题在干旱和半干旱地区十分突出，包括肥沃的平原、山谷、人口稠密地区和沿海地区[1]。据分析，在全球范围内，超过20%的农业用地和大约50%的灌溉土地受到盐碱化的影响，到2050年，盐碱化对超过50%的耕地构成严重威胁[2]。全球变化导致人类和驯养动物种群的食物供应压力增加。因此，如何使用盐碱地生产作物成为新的可能性[3]。土壤和水分中的盐分是造成干旱、半干旱地区作物减产的主要因素。根据联合国粮食及农业组织的数据，大约8亿 hm^2 的土地受到盐碱化的影响，其中，3.97亿 hm^2 是盐碱地。土壤中有不同类型的盐分会影响作物产量，其中，氯化钠（NaCl）最重要，因为它能对植物造成错综复杂的伤害，以及与土壤中其他离子具有复杂关系[4]。

土壤盐碱化是内蒙古河套地区农业可持续发展的主要障碍，其影响面积为39.4万 hm^2，占内蒙古全区耕地面积的68.65%[5]。蒸发率高、降水量少、地下水位浅是土壤盐分增加的主要原因。据报道，如果盐分问题不能有效解决，该地区最终将变得完全不能生产，甚至可能被废弃[6]。在河套地区，由于土壤的板结性而导致水分在土壤中不能运转，因此，植物的生长、发育和分化通常受到土壤盐化和碱化的限制，也造成了植物生产力下降。土壤盐碱化也被认为是限制干旱和半干旱地区灌溉植物生长和生产力的主要环境因素。河套地区盐碱地的土壤其特点是盐分含量高，这会破坏土壤结构，降低土壤渗透率和肥力[7-8]。

草在生态环境治理和生态系统恢复中有着举足轻重的作用。《中共中央关于全面深化改革若干重大问题的决定》中指出，山水林田湖是一个生命共同体[9]。2017 年 8 月，中央全面深化改革领导小组第三十七次会议将“草”的内容补充纳入。随后党的十九大提出，像对待生命一样对待生态环境、统筹山水林田湖草系统治理等理念。2019 年 9 月 18 日，习近平总书记在郑州主持召开黄河流域生态保护和高质量发展座谈会并发表重要讲话中指出，黄河流域及河套灌区生态环境脆弱，应坚持生态优先，绿色发展，因地制宜理念，坚持山水林田湖草综合治理，进一步强化了草在推进生态环境的整体保护、系统修复以及综合治理的作用[10]。

2019 年中央一号文件指出，调整优化农业结构，大力发展紧缺和绿色优质农产品，实施奶业振兴行动，加强奶牛草饲供给，发展青贮玉米、苜蓿（*Medicago sativa* L.）等优质饲草料生产，强调了苜蓿饲草供给在实施奶业振兴行动及调整“粮经饲”结构的作用[11]。同时，国家继续推进草牧业政策，牧草产业发展政策环境持续改善，牧草生产形式总体向好。2019 年牧草栽培面积继续扩大，尤其是人工种草面积不断推进。同时，各地积极推广饲用燕麦、黑麦草、饲用甜高粱、皇竹草等牧草品种。牧草产业发展有效保障了国内草食畜牧业的持续发展，在保障食物安全方面起到了重要支撑作用。近年来，国内草食畜牧业快速发展，对优质牧草的依赖越来越大，市场需求强劲，促进了国内牧草产业持续发展，减缓了对国际牧草进口的快速增长[11]。

我国经济由高速增长阶段向高质量发展阶段的转变，农业和农村经济发展也要同步推进。近年来，国家提出坚定不移走绿色兴农、质量兴农、品牌强农之路；《乡村振兴战略规划（2018—2022 年）》提出优化畜牧业生产结构，大力发展优质饲草；2020 年的中央一号文件进一步提出，要扩大贫困地区退耕还林还草规模，……，以北方农牧交错带为重点扩大“粮改饲”规模，推广种养结合模式。此外，农业农村部正在组织编写《全国现代饲草产业发展中长期规划（2021—2030 年）》，这些都将为牧草产业持续快速发展提供政策支撑[12]。

虽然我国牧草产业取得了长足发展，但产业发展基础仍有待提升。主要表现在以下 3 个方面：一是良种化问题依然严峻，我国疆域辽阔，不同地区在气候条件等方面差异显著，很多地区依然种植国外引进的牧草品种，这些品种存在着气候适宜性差的严重缺点，导致牧草产品难以达到预期水平；二是部分区域机械化水平普及难度大，受山地丘陵地貌等自然因素以及机械投入成本偏高等社会因素综合影响，我国牧草播种、收获、加工等环节的机械化水平仍然偏低；三是牧草生产技术与管理问题突出，主要表现在先进技术和管理手段的推广方面，如国内河套地区产学研融合水平偏低，先进技术的推广难度较大、企业带动能力不足，这严重制约了先进技术的转化利用水平。

1.2 国内外研究现状

1.2.1 国外苜蓿干草产业发展现状

苜蓿作为一种优良的饲草作物，因其产量高，营养价值丰富，适口性好而被誉为“牧草之王”[13]。苜蓿广泛分布于世界各地，尤其以美国、加拿大、西班牙、澳大利亚、新西兰及中国种植面积大，其中，美国是主产区[14]。近年来，随着社会的发展，全球对优质畜产品及奶产品的需求不断提高。国外发达国家，由于拥有先进的牧草调制设备、成熟的牧草收获技术、大面积的种养模式，使得苜蓿干草的质量和产量都得到了很大的提升。其中，美国苜蓿因其品质高、营销手段强大、运输成本低而被世界所认可[15]。在此背景下，美国苜蓿贸易需求量不断增加，尤其以出口到东南亚等一些发展中国家居多[16]。因此，美国苜蓿产业的贸易格局对世界畜产品需求大国产生了深刻的影响。根据相关资料统计显示，东南亚的一些国家，如韩国、中国香港及新加坡，其所需苜蓿干草70%来自美国[17]。美国苜蓿出口40多年来，除良好的国际市场机遇外，也面临了诸多挑战，但美国审时度势，抓住机遇，采取各种措施迎接挑战，在世界上兴起了绿色革命。自20世纪初，美国着手研究如何规范苜蓿生产，从生产源头严控，保证质量。除此之外，美国还通过苜蓿与禾本科作物如玉米、小麦等进行轮作，为苜蓿产业的出口及产业的发展奠定了基础[18-19]。近年来，西班牙已经成为全球第二大苜蓿出口商，其脱水苜蓿备受青睐。脱水苜蓿操作流程是将苜蓿切割成10～20cm的草段，田间晾晒48h，再转移到加工厂进行脱水，脱水环节苜蓿通过一个温度为250℃的脱水装置进行脱水处理，这种方式可以快速将苜蓿的湿度降至8%～12%，然后经过一个提取塔过滤掉石头和其他杂质，之后到达冷却隧道，进行脱水苜蓿打捆、包装及运输。与晾晒干草相比，西班牙脱水苜蓿干物质较高，具有较高的卫生质量，更利于储存。2018年之前，西班牙脱水苜蓿的主要出口国是中东地区，与美国进口苜蓿相比，西班牙脱水苜蓿有一定的价格优势。

1.2.2 国内苜蓿干草产业发展现状

我国苜蓿产区主要位于北方地区，其中，广泛分布于西北、华北、东北及黄淮海地区，甘肃、陕西、宁夏、内蒙古和新疆等地是我国苜蓿生产的集中产区[18]。据统计，全国苜蓿种植面积达4 711 hm^2，但苜蓿产量较低，干草品质差，国内很多奶牛产业及畜牧基地仍然饲喂外国进口的苜蓿干草。近年来，随着国家对绿色畜产品的需求，对苜蓿的质量要求也越来越高，国内苜蓿产业供给和保证能力不足，因此，迫切需要供给优质苜蓿干草[21]。

2019年，我国牧草尤其是优质苜蓿干草依然对美国等国家具有很高的依赖性，国内特级或一级苜蓿干草生产供给能力低，无法全面满足奶业发展的需要[22]。在质量方面，国产牧草品种差异大、生产与收获能力不足，导致部分牧草产品品质不稳定。

有些地区由于机械装备不足，收贮不及时造成的产量损失达30%，产品品质下降达30%，产品价格每吨减少500~1 000元[23]。国内苜蓿干草无法满足国内畜产业的需求进而增加了对国外苜蓿的依赖性。据统计，2017年全年进口苜蓿干草140万t，2016年全年进口苜蓿干草146. 31万t，较2015年增长20%，而2018年进口苜蓿干草累计167. 76万t，同比降低7. 75%，到了2019年，我国草产品进口总量为162. 7万t，同比下降了5%。其中，苜蓿干草进口135. 6万t，同比下降了2%；燕麦草进口24. 1万t，同比下降18%；苜蓿粗粉及颗粒进口3. 0万t，与2018年基本持平[24]。虽然我国近2年苜蓿干草进口量较往年比较有所下降，但对国外草产品仍有较高的依赖性，说明我国苜蓿干草品质仍然不具有核心竞争力，距离世界一流、优质的苜蓿干草仍有一定差距。而这恰恰表明了我国苜蓿产业具有巨大的市场潜力和提升空间。因此，迫切需要提升我国苜蓿干草的国际竞争力。此外，在2020年，受春季突发新冠肺炎疫情的影响，我国牧草运输遇到困难，难以满足部分地区牲畜繁殖及生产的需求。北方地区牧草的生产和供应受季节影响，将出现严重的供应短缺。南方地区干草供应也会受到影响。因此，我国2020年度急需本地化的牧草资源的加工及利用技术[23]。另外，合理利用当地牧草资源是降低养殖成本，提高土地资源利用效率，发展各地牧草产业的有效手段。因此，针对不同地区的环境特点、气候情况及牲畜的需求，需要对各地牧草资源进行优势牧草产品类型分析，建立高效低耗的加工策略，推行低成本的安全贮藏技术，设计高转化率的利用方式。除关注牧草本身，在今后人们更应将注意力放到苜蓿机械研发上，尤其针对苜蓿和青贮玉米生产的全程机械化配套机械装备着重进行开发，同时对燕麦、杂交狼尾草和其他优质饲草机械化生产机械进行拾遗补缺与结构性研发阶段；此外，种子收获、播前处理、育种繁种、精量播种和高效收获等薄弱环节的机械研发与配套，以及基于物联网、大数据、智能控制、卫星定位等信息化和智能化技术应用的新型机械化技术与机械研发也将逐步展开[23]。针对北方干旱半干旱地区生产现状，复壮促生的变量播种机和定位切根机等机械应用，将进一步增强草地承载能力5~6个百分点；针对南方高寒荒山、亚热丘陵荒坡等土壤贫瘠地区饲草的开发利用，研究草地高效补播、合理重构和适度利用等机械化配套技术与装备，可以极大地拓展饲草资源；针对青藏高原地区牧草青干草机械化调制技术需求，变革机械化生产方式，解决牧区人口稀少、劳动力不足之间的矛盾，以机械化生产节本增效、加工调制优质牧草为导向，推广应用轻简化机械设备，能够提高当地的牧草生产自适应能力，实现增产增效[23]。

1.3 土壤盐碱化对苜蓿的影响

土壤盐分是显著减少土地供应和限制植物生长的环境因素之一[25]。土壤盐碱化是一个全球性问题，影响几乎所有陆地植物的发展和生产力，包括大豆和苜蓿等饲料作物[26]。土壤中不同类型的盐离子限制了牧草生产，原因是离子破坏了土壤和植物之间的复杂关系[27]。在中国，土壤盐碱化也是影响内蒙古河套平原地区土地生产力和资源利用效率的主要挑战，其盐碱化影响了大约70%的耕地总面积[28]。据报道，在河套地区，初级盐碱化和次生盐碱化并存，盐碱化土壤的面积正在增加[29]。据联合国粮食及农业组织估计，一些地区遭受不同程度的盐碱化，其中近50%的地区长期受到破坏[30]。

种子的萌发是植株得以正常生长的关键。王征宏等[31]研究表明，低盐分能够促进苜蓿种子萌发，但高盐分抑制种子的萌发。杨恒山等[32]指出，随着盐浓度的增加，胚根和胚芽的生长受到抑制，当盐浓度达到一定高度，种子萌发会完全受阻。李潮流等[33]发现，高盐胁迫下，苜蓿种子很少有萌发现象，降低了有机物质的积累。

盐胁迫对苜蓿植株个体形态发育具有显著的影响[34]。把生长在正常土壤中的植株转移到盐碱胁迫环境下，生长速率有所下降，根系受到渗透压影响，植物叶面积扩展率降低，随着土壤盐度的增加，叶面积扩展逐渐减缓，当浓度达到一定量时，叶面积停止增长[35]。当苜蓿生长在盐碱地上时，它处于渗透胁迫下，渗透胁迫会直接影响水分吸收和养分吸收。不同的盐度条件与不同浓度的钠（Na^+）和氯（Cl^-）有关。盐渍土的一个不利影响是增加了植物体内的 Na^+浓度。高 Na^+浓度降低植物光合作用[36]。这可能会破坏土壤结构，增加植物对元素分配的内部需求[37]。植物中 Na^+和 Cl^-的含量可能导致土壤入渗速率的降低和植物含氮量的降低[38]。此外，盐胁迫的其他不利影响还会导致营养失调，包括钾离子（K^+）。孙娟娟[39]发现，低盐胁迫苜蓿幼苗水势显著高于高盐胁迫，生长速率与盐胁迫根部 K^+/Na^+

有较高的相关性，此外，植株的茎生长速率、气孔导度和蒸腾速率与盐分浓度相关，在缺 K^+ 情况下，非盐处理苜蓿根部与均质盐胁迫无显著差异。

1.4 苜蓿适时收获技术研究现状

目前，现有的关于盐碱地农作物收获技术方面的研究主要集中在向日葵和水稻上，但关于盐碱地苜蓿适时收获技术的研究还鲜有报道。国内已有大量涉及盐碱地苜蓿适时收获技术的研究，干草产量和营养价值是评定盐碱地苜蓿生产技术的关键指标参数，其中，刈割期对苜蓿干草质量起到重要的作用，因而，根据不同的土壤盐碱理化性质选择合适的收获时期不仅对当茬草的价值产生较大影响，还会对当年后的几茬草品质，甚至是翌年的返青产生作用[40]。有研究表明，在苜蓿生长初期，其营养价值最为丰富，而在生长后期，其产量较高[41]。因此，综合草产量和营养品质两个因素选择合适的收获时期就显得尤为重要。在苜蓿的各生育时期中，以盛花期刈割产量最高，而在现蕾和初花期营养品质要高于盛花期[42]。目前，国内大多数牧草加工企业和科研工作者都将现蕾到初花期作为理想的收获期，这是因为在此时期，苜蓿具有较高的营养价值，能刈割多茬，且也能保证一定的干草产量，同时，也有利于收获后根系营养物质的积累[43]。有研究表明，现蕾到初花期苜蓿蛋白质积累达到最高值，从初花期开始，收获期推迟，其消化率和采食率也下降[44-45]。因此，现蕾到初花期是较为理想的刈割期。

对于苜蓿的刈割次数的确定通常与区域地理位置和气候条件有很大关系。杨秀芳[46]研究发现，年刈割2~3次，苜蓿草产量最高，干草营养值丰富，而且对其安全越冬和持久利用具有重要的影响。孟凯等[47]研究认为，苜蓿全年刈割2茬干草产量最大，饲用价值高。包乌云等[48]研究认为，总干草产量随着刈割次数的增加呈先增高后降低的趋势，而苜蓿的再生速度呈下降趋势，因此，在呼和浩特地区适宜的刈割次数不应超过3次。苜蓿的刈割次数受到气候条件、土壤墒情、灌溉及其本身等多方面影响，在我国北方等主要产区，大多数加工企业均选取年刈割2~3次。

适宜的留茬高度不仅能够保证苜蓿的品质，减少茎叶损失，还会影响苜蓿根部物质积累，影响再生草的产草量，而对于末茬草，适宜的留茬高度也能提高苜蓿越冬率[49]。刘凤凤[50]研究发现，刈割留茬高度以齐地面产草量最高，留茬3cm生育性状最好。王丽学等[51]研究发现，现蕾期留茬5cm，初花期留茬7.5cm较合理。娜娜[52]对包头地区苜蓿的留茬高度进行了分析，发现留茬高度11cm苜蓿品质较好。侯美玲等[53]对华北地区苜蓿留茬高度进行了分析，认为现蕾到初花期留茬高度5~8cm适宜，末茬以8~10cm适宜。

1.5 苜蓿干草调制技术研究现状

苜蓿的干燥方式大致分为两类，分别为自然干燥法和人工干燥法，在国内应用最广泛、最简单的是自然干燥法中的地面干燥法[20]。地面干燥法是将刈割的苜蓿进行就地晾晒，整个调制进程在田间完成，既不需要过多地使用人力物力，也可以因地制宜，避免因大规模移动而造成额外的营养损失。但地面干燥法通常要考虑当地的天气状况，一般选择当地 3~5 天为晴朗天气时刈割晾晒，此外，为了减少叶片损失，一般选择在早晨或傍晚进行调制作业[20]。饲草层的厚度、翻晒是决定干燥速率、影响干草品质的关键调制环节，尤其是翻晒技术，翻晒通常能够加速干燥，可提前结束调制进程，但在不恰当的时间进行翻晒操作不仅不会缩短干燥时间，还会造成叶片脱落，损失营养成分，影响干草品质。Bleeds[54]对牧草进行了不同翻晒处理后发现，翻晒次数越多，干草营养价值越低。王钦[55]认为，茎叶干燥速度不一致，茎的干燥速度滞后于叶，对晾晒的干草进行翻晒作业会造成严重的落叶损失，造成饲草蛋白质含量下降，因此，不推荐在干燥过程中进行翻晒处理。刘兴元[56]对苜蓿进行早晚各一次的翻晒处理，结果表明，早晚各一次的翻晒作业既可以提前完成调制任务，又使苜蓿鲜泽、留叶率高。

1.6 苜蓿水分散失机理

1.6.1 水分散失规律

在刈割期，苜蓿通常具有 70%~80%的含水量，而调制成优良干草需要使其含水量保证在 15%~18%[20]。自然条件下，苜蓿刈割后水分散失有 2 个阶段，第 1 阶段是快速散失水分阶段，通常天气状况良好，经历5~8h晾晒，水分减少到50%~55%的过程[57]。在此阶段，苜蓿细胞内的水分通过纤维维管束及髓等组织流到细胞外，而另一部分水分通过气孔和细胞间隙等途径散失，此时，由于体内多为自由水，因而流通速度较快，不受阻力影响[58-59]。在水分散失过程中，气孔密度随水分散失的程度增加而增加，细胞膜受到一定程度的损伤，气孔密度影响了植株的气孔导度和蒸腾速率，影响了植物水势的变化，而细胞膜的破坏会造成细胞内外离子渗透失衡，导致细胞内液外流，加速了水分的蒸发。而第2个阶段为慢速散失阶段，是植物体含水量由40%~55%降低到18%以下的过程，此阶段，细胞内的水分受细胞壁、角质层、韧皮部及木质部的束缚，水分向外移动速度变慢，因此，水分散失速度也随之变慢，干燥速率受严重影响，通常完成此阶段需要1~2个昼夜甚至更长的时间[60]。此外，由于快速和慢速散失阶段会经历夜间及黎明返潮现象，缩短了干燥时间，尤其在慢速散失阶段初期，此时苜蓿本身具有较高的含水量，吸潮能力强，吸潮作用占主导地位，加大了干燥难度[61]。

1.6.2 影响水分散失的外界因素

苜蓿在干燥过程中，环境因子、体内阻力及植物本身结构是制约其干燥速率和水分散失的主要因素。环境因子通常包括田间湿度、温度、晾晒地表温度、湿度、盐度、外界大气湿度、地表辐射强度、风速、光照及晾晒地周围种植作物等。有研究表明，光照及太阳辐射是影响苜蓿干燥速率的主要因素，其次是饲草层温湿度和土表温湿度[62]。刘丽英[63]研究发现，太阳辐射强度与干燥速率呈正相关性，气温15~27℃与干燥速率呈正相关性，空气湿度在35%~50%呈负相关性。其中，太阳辐射强度的增加会直接导致气温的升高和空气湿度的降低[20]。而苜蓿由于其本身角质层及细胞壁的结构，这些组织会阻止水分散失，影响干燥速率，同时处于夜间的苜蓿也因其吸潮能力而阻碍水分迁移。

1.7 本研究目的及意义

在河套地区，土壤盐碱化问题严重影响了区域生态环境，限制了土地生产力和资源利用效率，尤其是河套平原等生态脆弱地区，因其地处内陆，排水不畅，从而导致土壤原生盐碱化与次生盐碱化并存，盐碱地与盐碱化面积不断增大，严重制约了农作物的生长发育，造成了盐碱裸地、退化草场土壤裸露等现象[64-65]。而国内外学者对于盐碱地苜蓿的研究主要集中两部分，一是苜蓿幼苗或种子对盐碱胁迫的生理响应，旨在探究苜蓿对盐碱胁迫的生理机理机制，筛选耐盐碱品种，或是从基因角度分析耐盐碱性差异，提高苜蓿品种耐盐性能。而另一部分的研究主要集中在盐碱地苜蓿栽培技术及盐碱地苜蓿生长建植环节的调控机理，或是盐碱地改良对苜蓿产量及品质的影响，这些研究都以苜蓿生产角度为出发点，结合苜蓿生长过程中的土壤水盐动态变化及自身品质、产量等相关指标，明确盐碱地生产技术集成。在国内由于苜蓿产业集约化未普及，田间生产加工技术落后，虽然部分地区形成了一套整体的田间收获标准，但关于盐碱地苜蓿调制技术及水分散失机制方面研究鲜有报道。由于苜蓿收获过程技术要求较高，留茬高度对苜蓿的干草产量、干草品质、再生越冬性能、下茬草产量或翌年苜蓿返青率的影响较为明显[66]。如若收获调制过程操作不当，不仅无法获得品质高的干草，还会造成苜蓿草地的退化，造成严重的经济损失。因此，迫切需要构建草地快速建植与生态产业技术，研发草畜耦合盐碱地牧草快速建植生态修复技术和“收—加—贮”生态产业链技术，阐清田间调制机理，在不减少粮食产量、不多占用耕地面积的同时提供优质饲料资源保障，解决内蒙古河套地区土壤盐碱化对饲草产业的阻碍，促进当地农业和畜牧业的可持续发展，从而保证河套平原生态系统稳定性，提高土地资源利用率[67]。

1.8 本研究整体内容及研究技术路线图

1.8.1 主体研究内容

本研究以河套地区盐碱地种植的紫花苜蓿为材料，整体上分为四部分。

第一部分，河套地区盐碱地苜蓿最佳留茬高度的筛选。2018年，以种植在不同盐碱化土壤的第一茬初花期紫花苜蓿（10%植株开花）为材料进行刈割，针对留茬高度和土壤盐碱化程度设计试验，对不同处理苜蓿生产性能及干草营养品质进行分析。

研究区域见图 1.1。

图 1.1 研究区域

第二部分，河套地区盐碱地苜蓿干燥过程中翻晒技术的研究。2019 年，对刈割后的第一茬和第二茬初花期紫花苜蓿进行就地晾晒，设置翻晒 2 次（T2）和翻晒 0 次（T0）处理，测定晾晒过程中的含水量和营养品质，观察茎部超微结构变化，明确最佳翻晒技术。

第三部分，苜蓿干燥过程中水分散失规律及影响水分散失因素的研究。以 2019 年刈割的第二茬初花期紫花苜蓿为材料，测定干燥前期（刈后第 1 天 8:00—20:00）水分含量及干燥前期土壤湿度、土壤温度、土壤电导率、饲草表层温度及湿度的变化，探究其与水分散失的关系。

第四部分，干燥前期叶片水势和 K^+ 含量的变化。试验以

2019 年刈割的第二茬初花期紫花苜蓿为材料，测定苜蓿在干燥前期叶片水势和叶片 K^+ 含量，明确苜蓿生理指标与水分散失的关系，从苜蓿自身生理响应角度分析水分散失机制。

1.8.2 技术路线图

技术路线图见图 1.2。

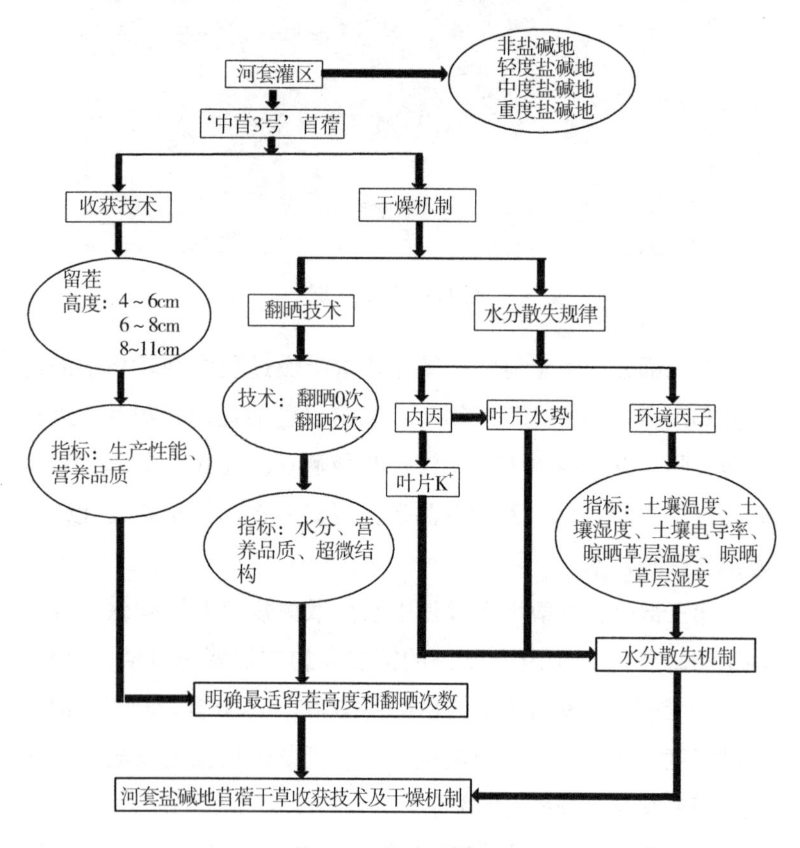

图 1.2 技术路线图

2 材料与方法

2.1 试验区概况

试验地位于包头市九原区哈林格尔镇苜蓿种植基地，地处土默特平原与河套地区的接合部，此地土壤盐碱化现象严重，属北温带大陆气候，干旱多风，春季少雨，夏季炎热，秋季凉爽，冬季寒冷，年均气温 6.8℃，年均降水量 330mm，年均蒸发量 2 094 mm，地理位置为东经 110°60′27″，北纬 40°06′05″，海拔 937m，压强 1 015.9 Pa[60]。

2.2 试验材料

本试验所种植的‘中苜 3 号’苜蓿种子由中国农业科学院北京畜牧兽医研究所提供，2018 年 6 月分别将苜蓿种子均匀播种在非盐碱地、轻度盐碱地、中度盐碱地和重度盐碱地中（土壤基本情况见表 2.1），根据土壤含盐量分为轻盐碱地、中度盐碱地和重盐碱地 3 种类型，轻盐碱地是指它的含盐量在 2‰以下；中度盐碱地是指它的含盐量在 2‰～4‰；重盐碱地是指它的盐量超过4‰。播种量16kg/hm^2。

表 2.1 试验地土壤性质

盐碱地	pH值	有机质(g/kg)	碱化度(%)	全盐量(g/kg)	Na^+含量(g/kg)	K^+含量(g/kg)	SO_4^{2-}含量(g/kg)	Cl^-含量(g/kg)
非盐碱地	7.400	10.895	1.743	1.000	0.126	0.027	0.008	0.051
轻度盐碱地	8.400	14.353	2.600	1.700	0.150	0.031	0.023	0.119
中度盐碱地	8.600	14.805	3.093	2.300	0.160	0.035	0.024	0.125
重度盐碱地	8.700	22.754	8.029	4.300	0.250	0.041	0.027	0.203

2.3 试验设计

2.3.1 河套地区盐碱地苜蓿最适留茬高度研究

将2018年第一茬初花期紫花苜蓿进行人工刈割，针对土壤盐碱化程度和留茬高度设计双因素试验。土壤盐碱化程度依据土壤的理化性质设为非盐碱、轻度盐碱、中度盐碱和重度盐碱，分别用S1、S2、S3、S4表示；留茬高度设4~6cm、6~8cm和8~11cm 3个处理，用H1、H2、H3表示，共计12个处理(S1H1、S1H2、S1H3、S2H1、S2H2、S2H3、S3H1、S3H2、S3H3、S4H1、S4H2、S4H3)，每个处理重复3次，共计36个小区，小区面积100m^2 (10m×10m)。

2.3.2 河套地区盐碱地苜蓿干燥过程中翻晒技术研究

本研究以2019年第一茬和第二茬初花期苜蓿进行试验，根据 2. 3. 1 筛选出来的最适留茬高度进行刈割，将刈割后的苜蓿就地自然晾晒，设置翻晒 0 次和翻晒 2 次（分别在含水量为 45%和 30%左右时进行）2 个处理，每天 8: 00—20: 00 每隔 4h 取样 1 次进行含水量的测定（第 3 天 16: 00 以后每隔 1h 取样 1 次，目标含水量 18%左右），每天于 18: 00 取样 1 次进行苜蓿营养成分的测定（最后 1 次取样时间与达到目标含水量同步，每次取样不少于 300g，3 次重复），于翻晒 1 次后 1h 分别取翻晒 0 次和翻晒 2 次的苜蓿茎部，具体位置为整株茎秆第 2 节上缘 3cm 处截取 3cm 长片段，横切 4 份，纵切 4 份，放入固定液中固定，便于观察超微结构。

2. 3. 3 干燥前期苜蓿水分散失规律及影响水分散失的因素研究

本研究以第二茬初花期紫花苜蓿为材料进行试验，在干燥第 1 天 8: 00—20: 00 每隔 4h 测定水分含量、晾晒干草土壤表层湿度、土壤温度、土壤电导率、晾晒饲草层的温度及湿度。以期探究出干燥前期水分散失规律及其与 5 种环境因子的关系。

2. 3. 4 干燥前期苜蓿叶片水势和 K^+的变化

本研究以 2019 年第二茬晾晒的苜蓿干草为材料，对干燥第 1 天 8: 00—20: 00 苜蓿叶片进行生理分析（每 4h 取样测定），测定叶片水势和 K^+的含量变化，分析其与水分散失的关系，从生理层次分析水分散失的机理。

2.4 测定指标及方法

2.4.1 水分含量测定

采用微波炉烘热干燥法测定[68]。

2.4.2 干燥速率

苜蓿的干燥速率是根据含水量的变化及干燥时间决定的[60]，计算公式：$V_n=(G_n-G_{n+1})/T_n$

式中，V_n 为第 n 个时间段的干燥速率（%/h）；

G_n 为第 n 次测定的含水量（%）；

G_{n+1}为第 $n+1$ 次测定的含水量（%）；

T_n 为第 n 个时间段的时间长度（h）。

2.4.3 生产性能及常规营养指标

（1）生产性能。依据尹强[20]的方法，各个样方内的苜蓿刈割后，称量苜蓿鲜草重量并换算为亩①产即为鲜草产量；并在每个样方中随机取500g左右的样本，放入105℃烘箱中杀青15min后转65℃烘干48h，称量其重量即为干草重；鲜样重量/烘干重量即为鲜干比；将苜蓿样品的茎叶分离后烘干，分别获得茎和叶的干重，按以下公式计算：茎叶比=茎的烘干重/叶的烘干重。

① 1亩约为667m^2，全书同。

（2）粗蛋白质（CP）的测定。利用 FOSS KJ2300 全自动凯氏定氮仪进行测定[69]。

（3）中性洗涤纤维（NDF）和酸性洗涤纤维（ADF）的测定。利用 FOSS Fibertee 2010 全自动纤维分析系统进行测定[66]。

（4）相对饲用价值是根据相对饲用价值（RFV）来综合评价的，它是由已测的 NDF 和 ADF 计算得出的[66]。RFV 计算公式如下：

$$DMI\ (\%BW) = 120/NDF\ (\%DM)$$

$$DDM\ (\%DM) = 88.9-0.779\times ADF\ (\%DM)$$

$$RFV = DMI\times DDM/1.29$$

2.4.4　茎部超微结构的制备与观察

参照徐俊等[70]的取样方法进行茎部取样，固定液的配制及扫描电镜材料的制备参照马蓓等[71]方法，采用 S-530 型扫描电子显微镜观察。

2.4.5　环境因子的测定

采用土壤速测仪（Delta-T Devices-HH2）测定晾晒草层下地表 0~10cm 土壤水分、土壤温度及土壤电导率，采用高精度温湿度计（TH22R）测定饲草表层温度及湿度。

2.4.6　植物水势的测定

参照 Sun 等[38]，采用露点水势仪（WP4-T）测定干燥前期叶片水势变化，每个处理 3 次重复。

2.4.7　苜蓿叶片 K^+ 的测定

根据 Sun 等[38]，采用 FP640 火焰分光光度计测定叶片 K^+ 含量，每个处理 3 次重复。

2.5　数据处理

基础数据的录入和整理利用 Microsoft Office Excel 2016 进行，水分散失规律和刈割留茬高度的筛选采用双因素方差分析，其余均采用单因素方差分析，采用 LSD 进行多重比较，水分散失与因子间关系采用回归分析，用 SPSS 22.0 软件和 Sigmaplot 12.5 对数据进行分析处理并作图，图片组合和超微结构图片上色用 Photoshop CS 6 进行。

3 结果与分析

3.1 留茬高度和土壤盐碱化程度对苜蓿生产性能及营养品质的影响

3.1.1 留茬高度和土壤盐碱化程度对苜蓿生产性能的影响

由图 3.1（A、B）可知，非盐碱地、轻度、中度和重度盐碱地鲜干草产量均以 H1 处理最高，与 H2 和 H3 处理差异显著（$P<0.05$）。其中，S2H1 处理鲜干草产量最高。不同处理鲜干草产量从高到低依次为：S2H1>S1H1>S1H2>S2H3>S2H2>S1H3>S3H1>S3H3>S4H1>S3H2>S4H2>S4H3。表 3.1 表明，苜蓿草产量受留茬高度和土壤盐碱化程度 2 个因素影响。

留茬高度和土壤盐碱化程度对苜蓿鲜干比和茎叶比的影响见图 3.1（C、D）。S1H1、S1H2、S2H1、S2H2、S2H3、S3H1、S3H2、S4H1 及 S4H2 处理鲜干比均为 3.4，仅与 S1H3、S3H3、S4H3 处理差异显著（$P<0.05$）。从图 3.1D 看出，不同处理下苜蓿茎叶比波动较大，留茬高度均以 H1 处理最高，H3 处理最低。其中，S1H1 处理茎叶比达到 1.66，S4H3 处理最低

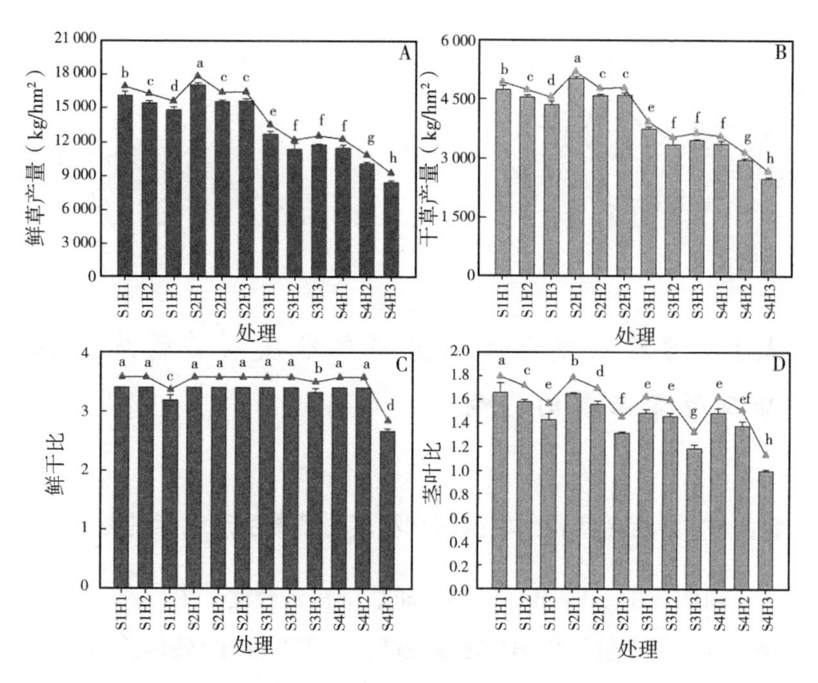

图 3.1　留茬高度和土壤盐碱化程度对苜蓿生产性能的影响

（不同字母表示差异显著，P<0.05，图 3.2、图 3.3 同）

（1.00），S1H1 处理较 S4H3 处理高了 66.00%。

表 3.1　苜蓿生产性能和营养品质的方差分析结果

指标	因素		
	留茬高度	土壤盐碱化程度	留茬高度× 土壤盐碱化程度
鲜草产量（kg/亩）	*	*	*
干草产量（kg/亩）	*	*	*
鲜干比	*	*	*

（续表）

指标	因素		
	留茬高度	土壤盐碱化程度	留茬高度×土壤盐碱化程度
茎叶比	*	*	*
DM（%）	*	*	*
CP（%，DM 百分比）	*	*	*
NDF（%，DM 百分比）	*	*	*
ADF（%，DM 百分比）	*	*	*
RFV	*	*	*

注：* 表示 $P<0.05$。

3.1.2　留茬高度和土壤盐碱化程度对苜蓿营养品质的影响

由图 3.2A 可知，不同处理下苜蓿 DM 含量以 S1H1 处理最高，与 S1H2、S1H3、S2H1、S2H2、S2H3 处理差异不显著（$P>0.05$），与 S3H1、S3H2、S3H3、S4H1、S4H2、S4H3 处理差异显著（$P<0.05$）。S4H1、S4H2 和 S4H3 处理之间无显著差异（$P>0.05$），这说明在非盐碱地及轻度、重度盐碱地，不同留茬高度处理对苜蓿 DM 含量无显著作用（$P>0.05$）。图 3.2B 表明，S1H1、S1H2、S1H3、S2H1、S2H2 及 S2H3 处理之间 CP 含量无显著差异（$P>0.05$）；S3H1、S3H2 和 S3H3 处理之间无显著差异（$P>0.05$），但与 S1H2、S1H3、S2H3 处理间差异显著（$P<0.05$）。S4H1 处理 CP 含量最低（9.80%），与其他处理差异显著（$P<0.05$）。

由图 3.3 可知，苜蓿 ADF、NDF 及 RFV 受留茬高度影响较

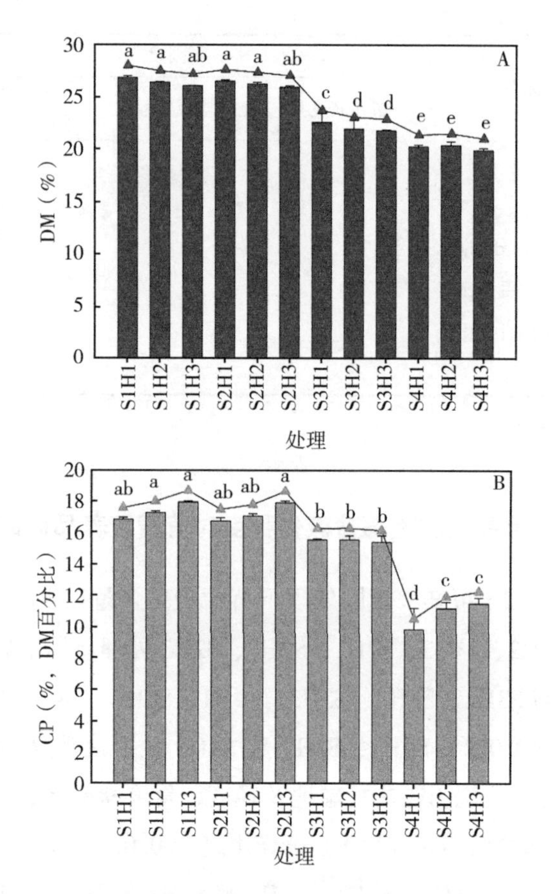

图 3.2　留茬高度和土壤盐碱化程度对苜蓿 DM 和 CP 的影响

（折线代表趋势，下图同）

大，非盐碱、轻度、中度及重度盐碱地 NDF 值均以 H3 处理最高，其中，重度和轻度盐碱地 H3 处理与 H1 和 H2 处理差异显著（$P<0.05$）。非盐碱、中度和重度盐碱地 H1 处理和 H2 处理

NDF 值无显著差异（$P>0.05$）。这表明不同留茬高度处理对苜蓿 NDF 值有显著影响。

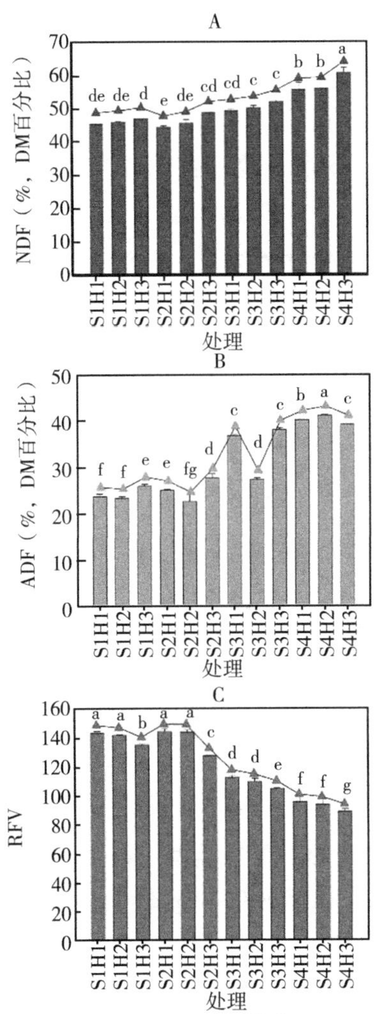

图 3.3　留茬高度和土壤盐碱化程度对苜蓿 NDF、ADF 和 RFV 的影响

非盐碱、轻度和中度盐碱地 ADF 均以 H3 处理最高，与 H2 处理差异显著（$P<0.05$）。各处理下 ADF 从低到高依次为：S2H2< S1H2 < S1H1 < S2H1 < S1H3 < S3H2 < S2H3 < S3H1 < S3H3 < S4H3 < S4H1 < S4H2，S4H2 处理（41.20%）较 S2H2 处理（22.77%）高了 18.43%。

非盐碱、轻度、中度及重度盐碱地 RFV 值均以 H1 处理最高，与 H2 处理差异不显著（$P>0.05$）。与 H3 处理差异显著（$P>0.05$）。不同处理 RFV 值从高到低依次为：S2H2 > S2H1 > S1H1 > S1H2 > S1H3 > S2H3 > S3H1 > S3H2 > S3H3 > S4H1 > S4H2 > S4H3。S2H2 处理（144.17）较 S4H3 处理（89.19）高了 54.98。综合 NDF、ADF 和 RFV 3 个指标表明，H1 和 H2 处理苜蓿品质较好。

3.2 干燥过程中翻晒次数对苜蓿水分散失及营养品质的影响

3.2.1 干燥过程中翻晒次数对苜蓿含水量的影响

盐碱地苜蓿干燥过程中含水量变化见图 3.4 和图 3.5。图 3.4（2019 年第一茬）表明，非盐碱、轻度、中度及重度盐碱地含水量均呈起伏下降趋势，在干燥第 1 天 8:00—16:00 逐渐下降，从 20:00—第 2 天 8:00 含水量有所回升（非盐碱、中度和重度盐碱地），在翻晒处理前，T0 和 T2 处理含水量变化差异不显著（$P<0.05$），翻晒处理后，T2 含水量低于 T0 处理，非盐碱

地 T2 处理在第 3 天 12: 00 达到目标含水量，较 T0 处理早 4h。中度盐碱地 T2 处理在第 3 天 16: 00 达到目标含水量，较 T0 处理早 1h。而轻度 T0 和 T2 处理在第 3 天 16: 00 达到目标含水量，重度盐碱地在第 3 天 17: 00 达到目标含水量。

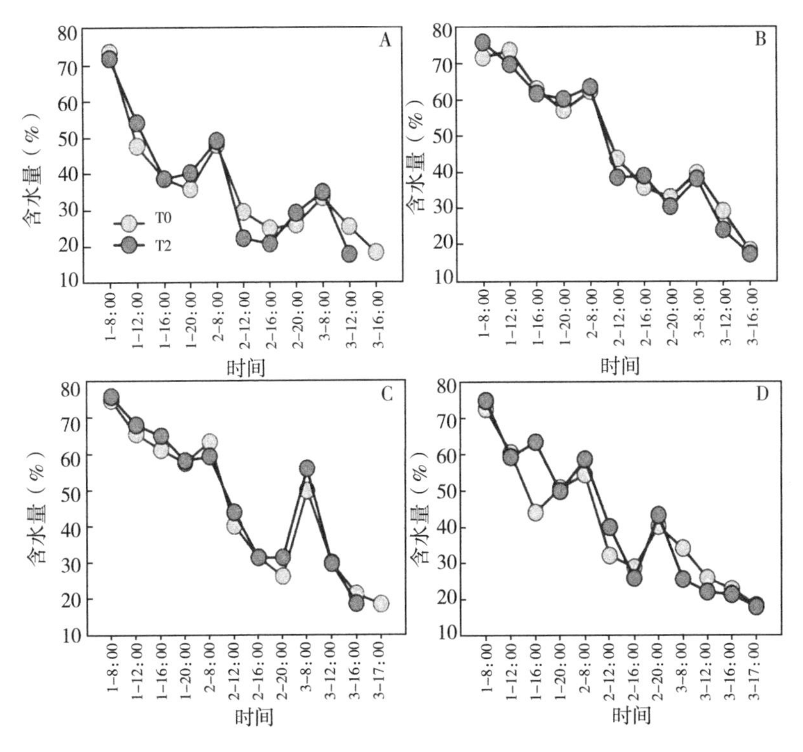

图 3.4　2019 年第一茬苜蓿干燥过程中的含水量变化

（A 为非盐碱地；B 为轻度盐碱地；C 为中度盐碱地；

D 为重度盐碱地，图 3.4 至图 3.6 同；1-8：00 表示第 1 天 8：00，后同）

图 3.5 表明，随着干燥时间的延长 T0 和 T2 处理含水量曲线变化起伏程度变大，其中，以非盐碱地和重度盐碱地第 1 天

20: 00—第 2 天 12: 00、轻度盐碱地第 1 天 16: 00—20: 00，第 2 天12: 00—第 3 天 16: 00 起伏程度较大。非盐碱、中度和重度盐碱地 T2 处理达到目标含水量时间均早于 T0 处理。综合 2019 年第一茬和 2019 年第二茬 2 茬含水量数据表明，在非盐碱地和中度盐碱地 T2 处理所需干燥时间较 T0 处理少。

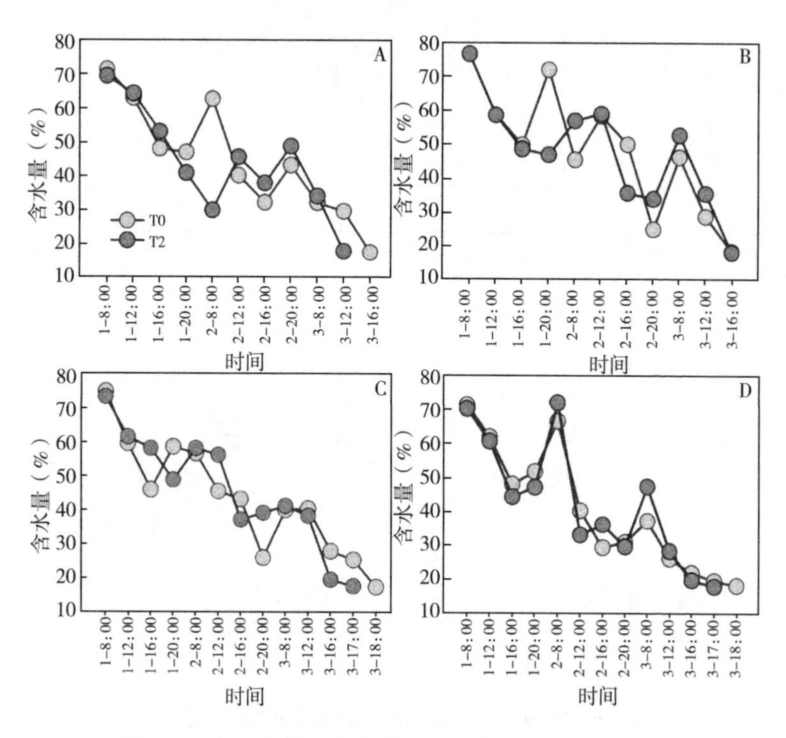

图 3.5　2019 年第二茬苜蓿干燥过程中的含水量变化

3.2.2　干燥过程中翻晒次数对苜蓿干燥速率的影响

图 3.6 表明，在干燥前期，各处理下干燥速率呈起伏下降趋

势。翻晒处理前，非盐碱、轻度和中度盐碱地 T0 和 T2 处理干燥速率差异不显著（$P>0.05$）；翻晒后，T2 处理干燥速率与 T0 处理差异显著（$P<0.05$）。从干燥第 2 天 8: 00 至第 2 天 16: 00，干燥速率逐渐下降，此后又呈波动趋势。干燥速率在第 1 天 20: 00至第 2 天 8: 00 为负值，这是因为在干燥前期苜蓿吸潮能力较强。各处理下第 2 天 8: 00—12: 00 干燥速率最高。

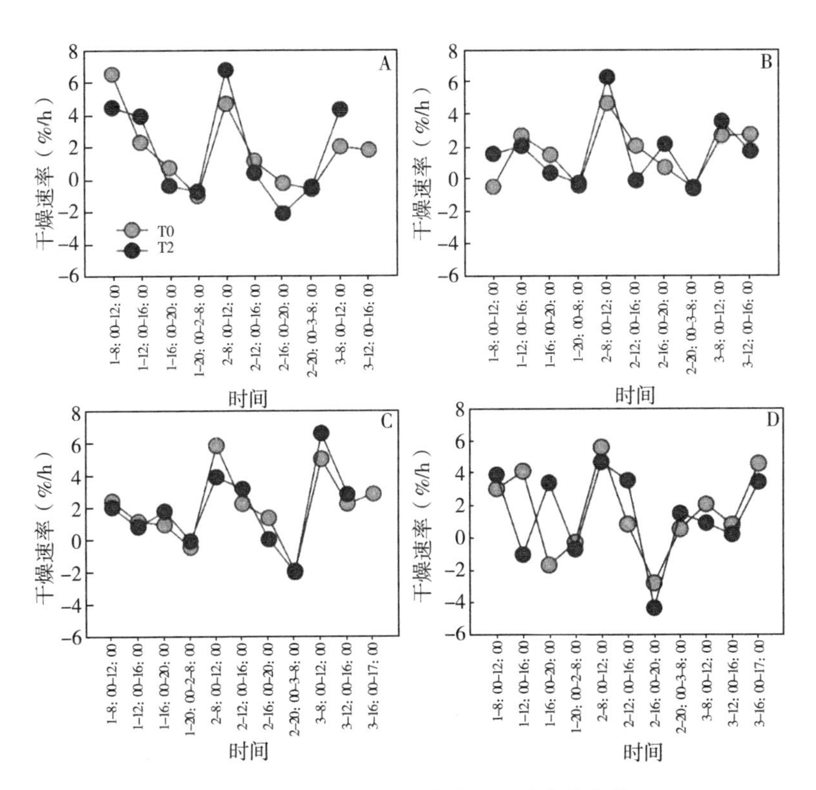

图 3.6　2019 年第一茬苜蓿干燥速率的变化

由图 3.7 可知，非盐碱地和重度盐碱地干燥速率波动浮动较大，尤其以夜间及清晨前后，在翻晒处理后 4h 内，T2 处理干燥速率要高于 T0 处理，表明翻晒处理能加快苜蓿干燥速度。

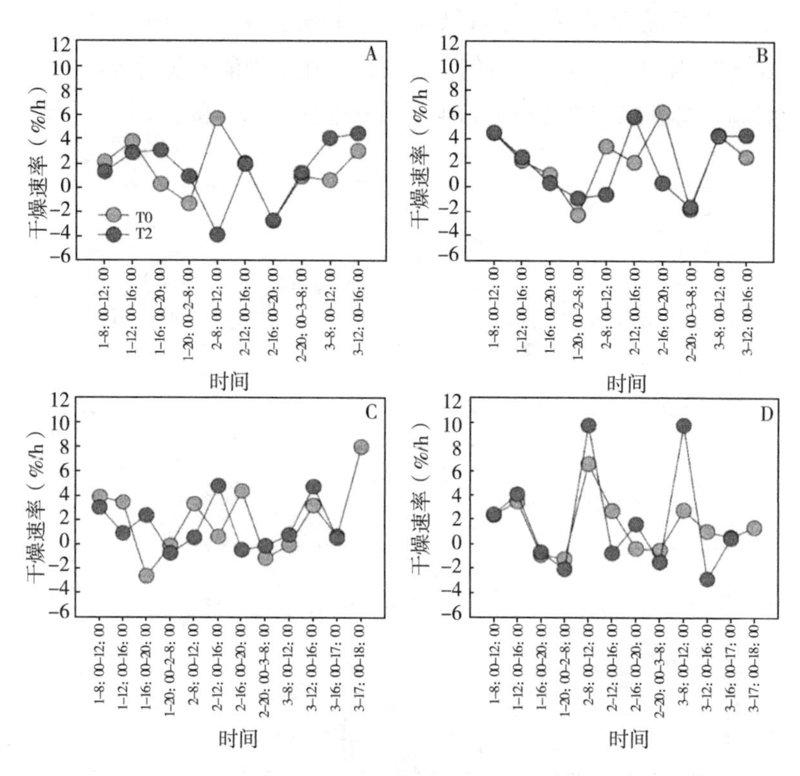

图 3.7　2019 年第二茬苜蓿干燥速率的变化

3.2.3　干燥过程中翻晒次数对苜蓿营养品质的影响

3.2.3.1　非盐碱地翻晒次数对苜蓿营养品质的影响

自然干燥过程中的营养成分变化见表 3.2 至表 3.9。表 3.2

和表3.3为非盐碱地干燥过程中营养物质的变化。由表3.2可知，T0和T2处理NDF值随着干燥时间的延长而增加，2019年第一茬数据表明，达目标含水量时T0处理NDF值为57.41与0h、12h、36h差异显著（$P<0.05$），T2处理为56.97与0h和12h差异显著（$P<0.05$）。2019年第二茬数据表明，目标含水量时NDF值达到了56.36（T0处理），较0h（45.56）高了10.80，差异显著（$P<0.05$）；T2处理为53.65，较0h高了10.86，差异显著（$P<0.05$）。ADF值均以目标含水量时最高，分别为35.17（2019年第一茬T0处理）、33.31（2019年第一茬T2处理）、33.97（2019年第二茬T0处理）、33.92（2019年第二茬T2处理），分别较0h高了10.18、9.36、10.49和8.02，差异显著（$P<0.05$）。表3.2表明，达目标含水量时，T0处理ADF和NDF值均高于T2处理。

表3.2 非盐碱地苜蓿干燥过程中NDF和ADF变化

茬次	干燥时间(h)	指标/翻晒			
		NDF		ADF	
		T0	T2	T0	T2
第一茬	0	46.12±1.85c	46.05±5.49c	24.99±0.72d	23.95±0.57d
	12	48.51±1.11c	50.87±1.84bc	27.95±1.35	28.20±0.73c
	36	53.05±2.31b	55.09±1.59ab	33.43±0.51bc	31.39±0.41b
	56/52	57.41±2.20a	56.97±0.16a	35.17±0.78a	33.31±1.25a

（续表）

茬次	干燥时间（h）	指标/翻晒			
		NDF		ADF	
		T0	T2	T0	T2
第二茬	0	45. 56±2. 08c	42. 79±4. 61b	23. 48±4. 48b	25. 90±5. 04b
	12	51. 10±3. 32b	49. 76±3. 72ab	31. 67±0. 60a	33. 30±1. 40a
	36	51. 94±2. 15ab	51. 82±4. 08a	31. 39±1. 70a	33. 56±2. 57a
	56/52	56. 36±2. 08a	53. 65±1. 83a	33. 97±5. 16a	33. 92±1. 40a

注：同列数据标不同字母表示差异显著（$P<0.05$），表 3. 4～表 3. 9 同（第一茬和第二茬各自进行比较）。

由表 3. 3 可知，随着干燥时间的延长，苜蓿 CP 含量和 RFV 值逐渐降低。2019 年第一茬干燥 0h，苜蓿 CP 含量分别为 21. 20（T0 处理）和 21. 66（T2 处理），与 12h、36h 及最后一次差异显著（$P<0.05$），分别较达目标含水量时高了 7. 03 和 7. 31。2019 年第二茬数据表明，4 次时间点样品 CP 含量无显著差异（$P>0.05$）。T0 处理 0h RFV 值较最后 1 次分别高了 40. 47 和 41. 27。T2 处理分别高了 40. 56 和 42. 21。达目标含水量时，T2 处理较 T1 处理高了 3. 03 和 5. 14。综合 2019 年第一茬和第二茬干燥过程中不同翻晒处理的 CP、RFV、ADF 和 NDF 4 个关键营养指标可知，苜蓿在非盐碱地进行干燥，达目标含水量时，T2 处理营养品质较好。

表 3.3 非盐碱地干燥过程中 CP 和 RFV 变化

茬次	干燥时间(h)	指标/翻晒			
		CP		RFV	
		T0	T2	T0	T2
第一茬	0	21.20±0.93a	21.66±1.49a	140.23±6.61a	143.35±18.42a
	12	18.86±0.27b	18.99±0.71b	128.74±1.53b	122.48±3.65b
	36	17.46±0.07c	17.72±0.43b	110.35±4.05c	108.88±3.40bc
	56/52	14.17±1.00d	14.35±1.86c	99.76±4.29d	102.79±1.68c
第二茬	0	21.59±1.33a	21.44±1.60a	144.57±13.38a	150.65±19.84a
	12	20.83±1.14a	21.00±0.48a	117.24±7.23b	118.14±8.86b
	36	19.11±1.03a	20.77±2.38a	115.60±6.77b	113.21±10.97b
	56/52	18.64±2.35a	19.60±1.18a	103.30±10.53b	108.44±4.62b

3.2.3.2 轻度盐碱地翻晒次数对苜蓿营养品质的影响

由表3.4可知，2019年两茬轻度盐碱地苜蓿自然干燥过程中NDF值从低到高依次为0h>12h>36h>56h（T0和T2处理）；0h分别为46.27、46.24、43.57和47.55，分别较56h低了11.83、12.05、8.20和5.67，差异显著（$P<0.05$）。达目标含水量时，T2处理较T0处理分别高了0.19（第一茬）和1.45（第二茬），相差较小，差异不显著（$P>0.05$）。ADF值也以干燥0h最低，除2019年第一茬T0处理外，其余处理ADF值均随着干燥时间的延长而增加。在56h，T2处理较T0处理分别低了1.16（第一茬）和1.90（第二茬）。表3.5表明，轻度盐碱地苜蓿CP含量和RFV值随着时间的延长而下降。第二茬56h，T2处理干草 CP 为 19.36，较 T0 处理高了 2.19，差异显著（$P<0.05$），但第一茬干草 CP 含量差异不显著（$P<0.05$）。第一茬苜蓿 RFV 初始值与各干燥时间段值差异显著（$P<0.05$）。最终，T2 和 T0 处理 RFV 值差异不显著（$P>0.05$）。因此，综合 4 个营养指标得出，轻度盐碱地翻晒 2 次处理 CP 含量高，ADF 值低。

表 3.4　轻度盐碱地干燥过程中 NDF 和 ADF 变化

茬次	干燥时间（h）	指标/翻晒			
		NDF		ADF	
		T0	T2	T0	T2
第一茬	0	46.27±1.04c	46.24±0.91d	23.48±3.03c	23.81±0.24d
	12	48.89±1.38bc	49.88±1.25c	32.19±0.67b	30.36±0.31c
	36	51.95±2.67b	52.53±1.13b	37.80±0.56a	34.58±1.68b
	56	58.10±2.51a	58.29±1.82a	37.65±0.71a	36.49±0.18a
第二茬	0	43.57±2.38b	47.55±2.25b	22.55±2.16b	25.74±4.13a
	12	47.89±0.61ab	49.04±0.54ab	23.10±0.18b	31.78±1.04a
	36	48.41±5.53ab	52.63±2.23a	29.39±0.70a	32.22±1.53a
	56	51.77±2.98a	53.22±3.41a	34.82±1.36a	32.92±5.95a

表 3.5　轻度盐碱地干燥过程中 CP 和 RFV 变化

茬次	干燥时间（h）	指标/翻晒			
		CP		RFV	
		T0	T2	T0	T2
第一茬	0	22.01±0.93a	21.29±0.42a	141.99±4.40a	141.55±2.94a
	12	18.92±0.60b	18.73±0.63b	121.49±3.32b	121.74±3.04b
	36	16.08±1.03c	15.53±1.16c	106.63±5.10c	109.72±0.05c
	56	13.65±1.48d	13.69±0.19d	95.49±4.19d	96.58±2.80d

（续表）

茬次	干燥时间(h)	指标/翻晒			
		CP		RFV	
		T0	T2	T0	T2
第二茬	0	22.10±1.60a	21.97±0.59a	152.58±7.92a	135.05±12.17a
	12	21.95±1.58a	21.80±1.27a	137.75±1.92ab	121.66±0.49ab
	36	17.61±1.52b	21.08±1.98a	127.93±14.46b	112.84±3.11b
	56	17.17±1.09b	19.36±1.12a	111.18±4.68c	110.98±12.45b

3.2.3.3　中度和重度盐碱地翻晒次数对苜蓿营养品质的影响

中度和重度盐碱地苜蓿品质变化见表3.6至表3.10。除中度盐碱地T0处理外，达目标含水量时苜蓿NDF值均以T2处理高（表3.6、表3.8），分别较中度盐碱地第一茬、重度盐碱地第一茬和重度盐碱地第二茬高了0.33、0.51和1.09，差异不显著（$P>0.05$）。中度和重度盐碱地第二茬数据表明，达目标含水量时，CP含量均以T0处理高。分别高了0.13（中度）和0.78（重度）。差异不显著（$P>0.05$）。由表3.6可知，T2处理RFV值较T0处理高了16.70，差异显著（$P<0.05$）；其他处理表明，达目标含水量时T0和T2处理RFV值差异不显著（$P>0.05$）。综上所述，中度盐碱地T0处理苜蓿品质较好。

表 3.6　中度盐碱地干燥过程中 NDF 和 ADF 变化

茬次	干燥时间（h）	指标/翻晒			
		NDF		ADF	
		T0	T2	T0	T2
第一茬	0	50.36±1.22c	51.73±2.23c	27.27±0.42c	28.15±1.26c
	12	58.58±4.85ab	59.14±1.55b	42.09±5.85b	40.85±4.73b
	36	56.88±5.27bc	63.32±0.16a	45.97±1.49ab	47.74±1.33a
	57/56	64.09±0.70a	65.42±0.33a	50.24±2.20a	50.56±2.08a
第二茬	0	50.76±4.04b	49.93±3.14a	27.30±2.03b	27.70±1.00b
	12	51.84±5.47ab	49.31±3.02a	27.32±2.40b	29.30±3.72ab
	36	58.47±2.00a	51.33±3.83a	30.07±2.74b	30.25±2.43ab
	58/57	58.84±2.51a	51.95±1.92a	37.22±2.34a	34.23±2.32a

表 3.7　中度盐碱地干燥过程中 CP 和 RFV 变化

茬次	干燥时间（h）	指标/翻晒			
		CP		RFV	
		T0	T2	T0	T2
第一茬	0	16.26±0.85a	16.27±1.34a	125.04±3.46a	120.57±4.97a
	12	14.36±1.15b	15.08±0.63a	89.66±11.89b	89.74±4.04b
	36	12.67±0.27bc	12.60±0.13b	87.45±10.09bc	75.97±1.71c
	57/56	11.09±1.24c	10.85±0.95c	72.25±3.19c	70.41±2.63c
第二茬	0	21.71±2.96a	20.76±1.30a	124.44±9.87a	125.81±9.35a
	12	20.62±1.47a	19.84±1.68a	121.98±9.36a	125.18±12.85a
	36	19.33±3.42a	19.41±0.83a	104.19±2.98b	118.93±11.30a
	58/57	19.09±2.40a	18.96±2.03a	94.76±1.85b	111.46±1.27a

表 3.8 重度盐碱地干燥过程中 NDF 和 ADF 变化

茬次	干燥时间（h）	指标/翻晒			
		NDF		ADF	
		T0	T2	T0	T2
第一茬	0	57.18±1.63c	57.87±0.44d	41.38±2.06c	41.88±2.54d
	12	64.25±0.22b	63.94±2.07c	50.49±3.58b	47.42±1.30c
	36	68.62±3.08a	68.91±1.96b	55.27±3.73b	54.94±1.71b
	57	71.84±1.55a	72.35±1.61a	65.67±1.05a	65.06±2.66a
第二茬	0	52.71±1.65b	51.26±1.25b	38.49±1.00a	37.94±2.36b
	12	57.84±3.64ab	57.82±2.15a	40.84±3.72a	40.19±4.03ab
	36	59.45±1.81a	58.17±0.59a	42.49±2.43a	40.08±1.95ab
	58/57	59.85±4.58a	60.94±2.92a	43.61±1.94a	43.95±2.65a

表 3.9 重度盐碱地干燥过程中 CP 和 RFV 变化

茬次	干燥时间（h）	指标/翻晒			
		CP		RFV	
		T0	T2	T0	T2
第一茬	0	15.79±0.13a	15.92±0.30a	92.20±1.83a	90.45±2.59a
	12	14.68±0.44a	13.96±1.59b	71.76±3.89b	75.67±3.91b
	36	12.61±1.14b	11.99±0.92c	62.17±3.49c	62.24±1.24c
	57	8.34±1.79c	9.31±0.36d	48.88±0.44d	49.12±1.89d
第二茬	0	20.58±1.03a	20.65±0.42a	104.11±9.35a	107.80±5.89a
	12	19.03±0.68ab	19.00±1.55ab	92.08±6.41b	92.84±7.92b
	36	18.53±1.57ab	18.33±0.85b	87.34±2.25b	92.26±3.38b
	58/57	17.78±0.78b	17.00±1.02b	85.63±5.22b	83.60±5.57b

3.2.4 干燥过程中翻晒次数对苜蓿茎部超微结构的影响

苜蓿茎部在翻晒1次处理后1h的超微结构变化如图3.8至图3.11。从图3.8可知，非盐碱地T0和T2处理苜蓿茎部呈现不同的撕裂状态。T0处理茎部从中心髓组织开始撕裂，延伸到初生木质部（图3.8A）。T2处理撕裂从中心髓组织延伸到次生木质部，表明撕裂程度较T0处理深。图3.8C表明皮层与木质部间也呈裂开状态，而T2处理皮层组织也有少量撕裂状（图3.8D）。

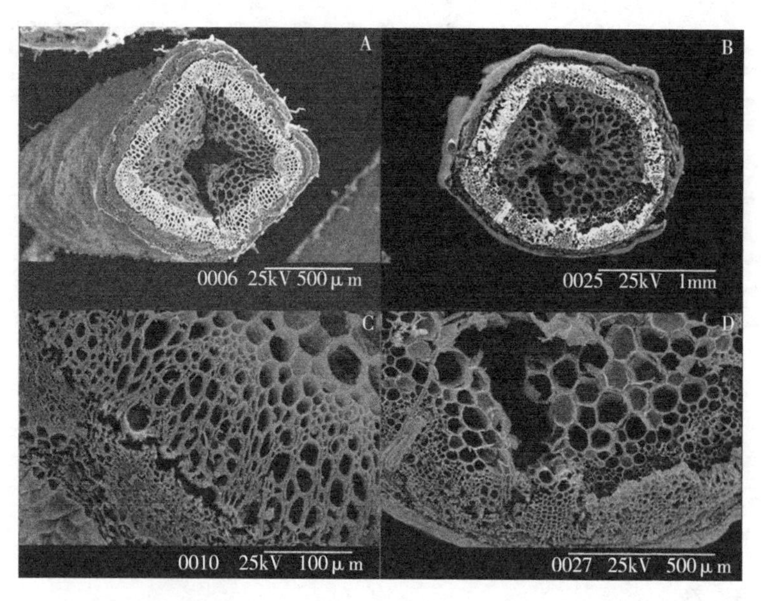

图3.8 非盐碱地翻晒处理后茎部超微结构变化（见书后彩图）

（T0处理：A、C；T2处理：B、D；图3.9至图3.11同）

轻度盐碱地苜蓿茎部变化如图 3.9 所示。T0 处理髓组织出现明显中空态，表皮也呈不同程度绽裂，局部木质部有轻微撕裂（图 3.9A）；而 T2 处理内部髓组织中空程度较 T0 处理小，但撕裂已延伸到整个木质部（图 3.9B）；T0 和 T2 处理都模糊可见皮层与木质部呈裂开状裂开程度相差较小（图 3.9C、D）。

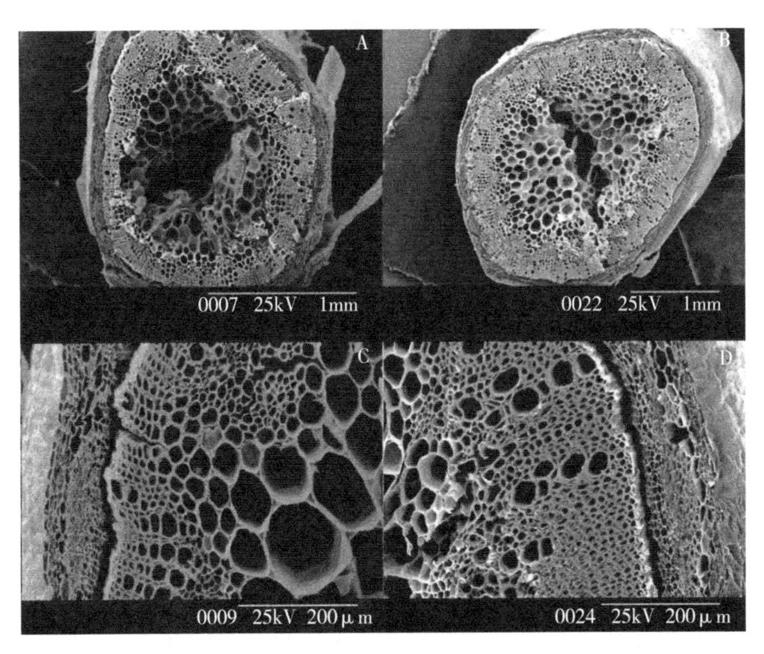

图 3.9 轻度盐碱地翻晒处理后茎部超微结构变化（见书后彩图）

中度盐碱地 T2 处理苜蓿茎部中心已完全中空，表皮已有一部分脱落（图 3.10B）。T0 处理（图 3.10A）显示，茎部从外部表皮到内部髓均有大幅度撕裂，表皮脱落程度较 T2 处理小。从茎部纵切图片（图 3.10C、D）可以得出，T2 处理较 T0 处理中心髓部组织撕裂程度更大，部分已无连接，但 T0 处理还有少部能见到连接态。

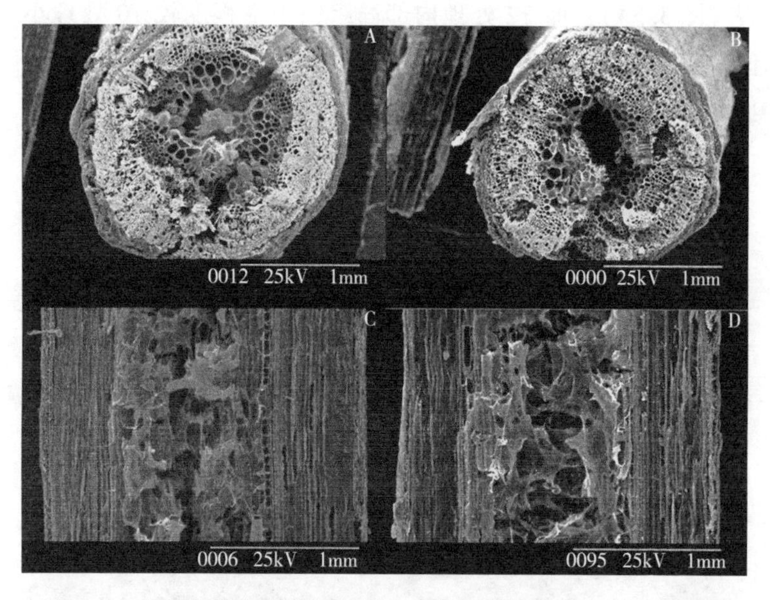

图 3.10　中度盐碱地翻晒处理后茎部超微结构的变化（见书后彩图）

图 3.11 表明，重度盐碱地苜蓿茎部中心从髓组织到初生韧皮部已经完全中空，见图 3.11（A、B），T2 处理表皮和皮层已有部分脱落，木质部也呈撕裂状。局部横切结构见图 3.11（C、D）。T2 处理较 T0 处理有更多撕裂状。

3.3　盐碱地苜蓿干燥前期水分散失规律

干燥前期苜蓿的水分散失和方差分析结果见表 3.10 和表

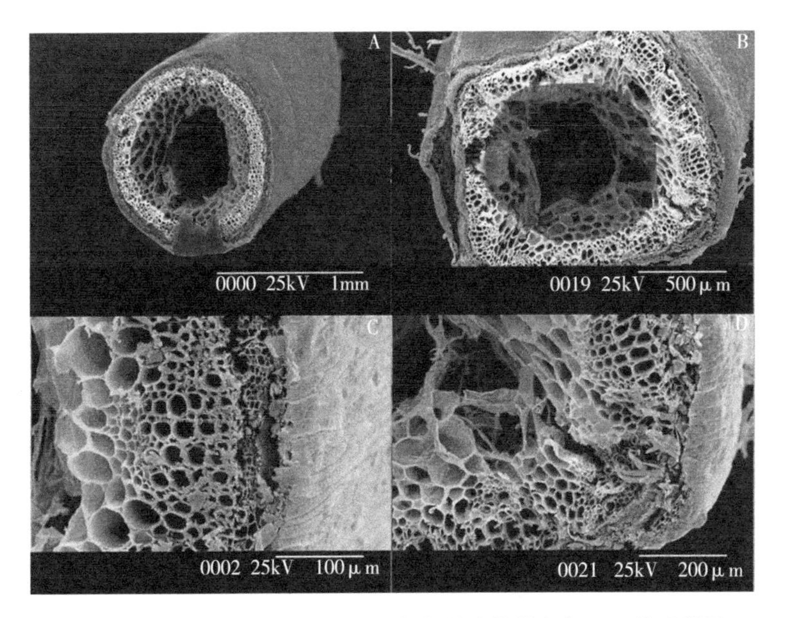

图 3.11 重度盐碱地翻晒处理后茎部超微结构的变化（见书后彩图）

3.11，由表 3.10 可知，随着干燥时间的延长，不同盐碱化土壤的水分含量呈先降低后增高的趋势，到 16:00 时，达到最低，从 16:00 以后水分含量又增加，这是因为从 16:00 以后，外界温度降低，湿度增高，太阳辐射强度下降，苜蓿开始吸潮，水分含量增加。表 3.11 说明，苜蓿水分散失均与盐碱化土壤无关，表明在干燥前期，苜蓿水分含量与盐碱化土壤无关。表 3.10 表明，在干燥前期，干燥时间是影响水分散失的主要因素，差异极显著（$P<0.001$），不同盐碱化的土壤和时间的交互作用对苜蓿水分散失没有影响。

表 3.10　干燥前期苜蓿水分散失情况

盐碱地	时间			
	8:00	12:00	16:00	20:00
S1	72.22±2.09Aa	58.09±2.53Ab	45.62±1.36Ac	47.32±0.96Ac
S2	72.86±2.79Aa	62.77±1.95Ab	47.13±4.21Ac	53.52±2.07Ac
S3	73.55±1.62Aa	62.26±4.57Ab	49.02±3.27Ac	52.25±0.49Ac
S4	74.82±0.90Aa	59.92±0.51Ab	52.30±1.97Ac	54.71±3.38Abc

注：不同大写字母表示同列数据差异显著，不同小写字母表示同行数据差异显著，$P<0.05$。

表 3.11　干燥前期苜蓿水分散失的方差分析结果

因素	均方	*F* 值	*P*
土壤盐碱化程度	7.87	8.65	0.05
时间	982.42	141.36	<0.001
土壤盐碱化程度×时间	6.03	0.87	0.58

3.4　盐碱地苜蓿干燥前期水分散失与环境因子的关系

3.4.1　水分散失与土壤湿度的关系

自然干燥前期土壤湿度变化见图 3.12。由图 3.12 可知，非盐碱地、轻度、中度及重度盐碱地的土壤湿度随着干燥时间的延长而降低，其中，16:00 时非盐碱地、轻度和中度盐碱地土壤湿度达到最低。苜蓿干燥前期水分含量变化与土壤湿度的关系见图3.13。由图3.13可知，苜蓿水分含量与土壤湿度呈正相关。其中，非盐碱地和中度盐碱地呈极显著（$P<0.001$）正相关(图3.13A，C)。而轻度和重度盐碱地无显著相关性。

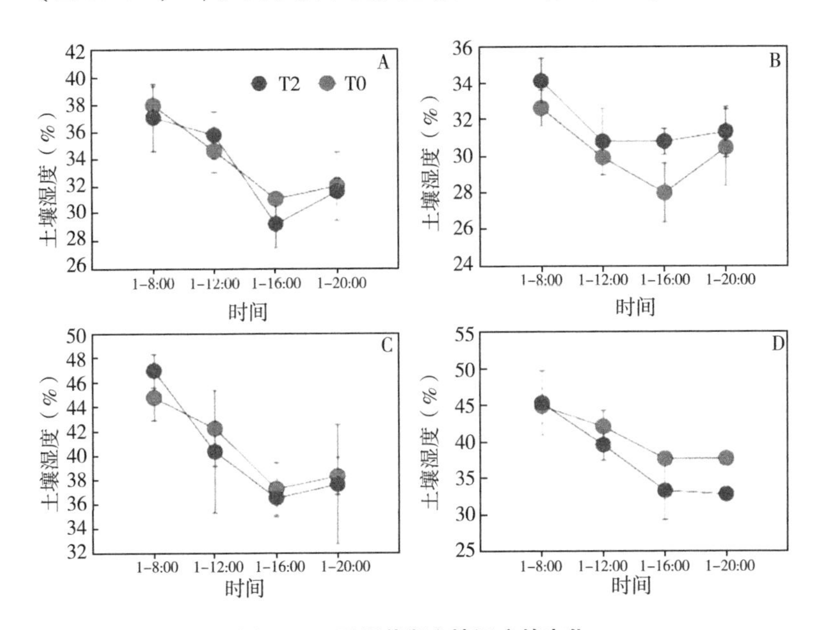

图3.12　干燥前期土壤湿度的变化

3.4.2　水分散失与土壤温度的关系

由图3.14可知，各盐碱地土壤温度随着干燥时间的延长呈先升高后降低的趋势，在16:00时最高，从16:00后迅速降低，这是因为从此时外界温度开始降低，土壤温度也随着环境变化而变化的。苜蓿水分与土壤温度呈极显著负相关（$P<0.001$，图3.15)，这说明，在干燥前期，含水量随着土壤温度的升高而降

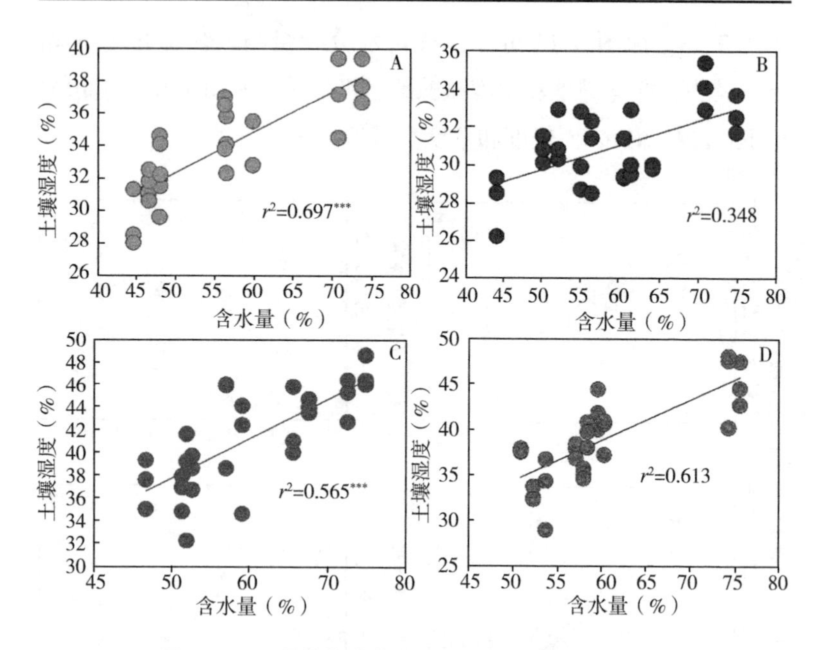

图 3.13　干燥前期苜蓿水分散失与土壤湿度的关系

（A. 非盐碱地；B. 轻度盐碱地；C. 中度盐碱地；D. 重度盐碱地；＊表示 $P<0.05$；＊＊表示 $P<0.01$；＊＊＊表示 $P<0.001$，下图同）

低，而从 r^2值看出，水分含量和土壤温度拟合程度较好，分别达到了 0.582、0.834、0.558 和 0.500。

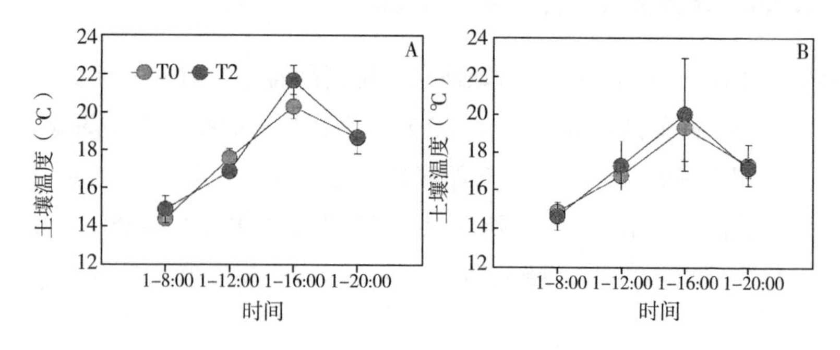

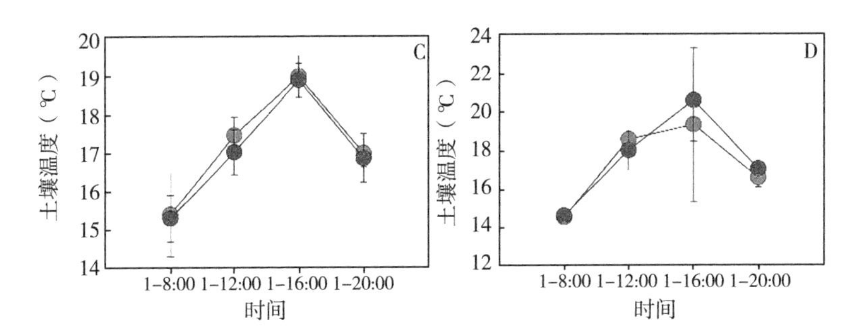

图 3.14 干燥前期土壤温度的变化

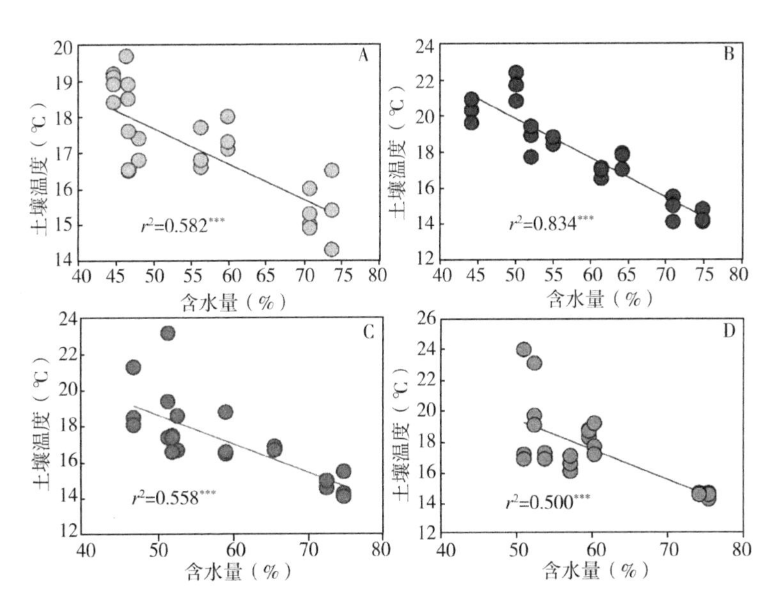

图 3.15 干燥前期苜蓿水分散失与土壤温度的关系

3.4.3 水分散失与土壤电导率的关系

图 3.16，电导率在干燥前期呈不同程度的变化，非盐碱地变化不显著，轻度、中度和重度变化差异显著（$P<0.05$）。图 3.17 表明，土壤电导率和含水量没有相关性，表明在干燥前期，水分含量的变化并不受土壤盐量影响。

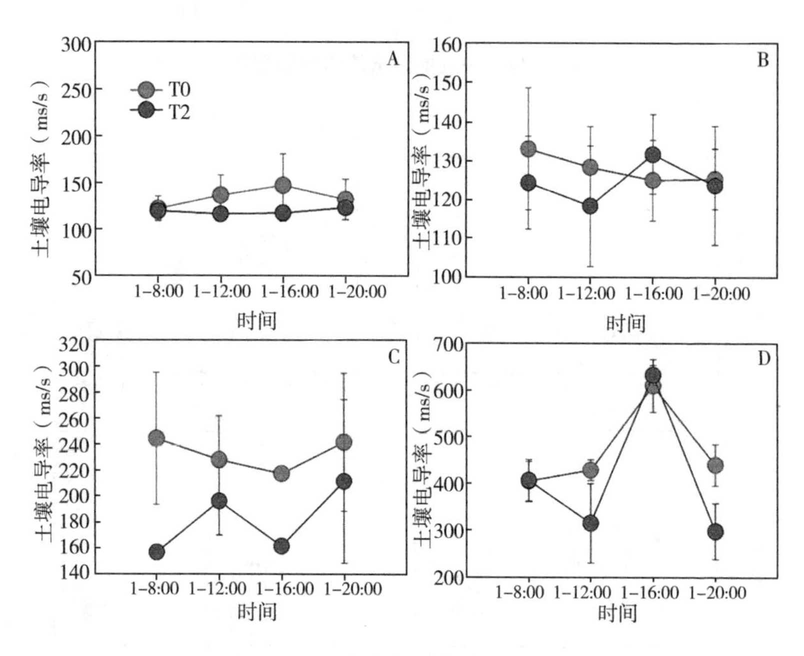

图 3.16 干燥前期土壤电导率的变化

3.4.4 水分散失与晾晒草层湿度的关系

图 3.18 表明，晾晒草层湿度呈先降低后增高的趋势，16:00

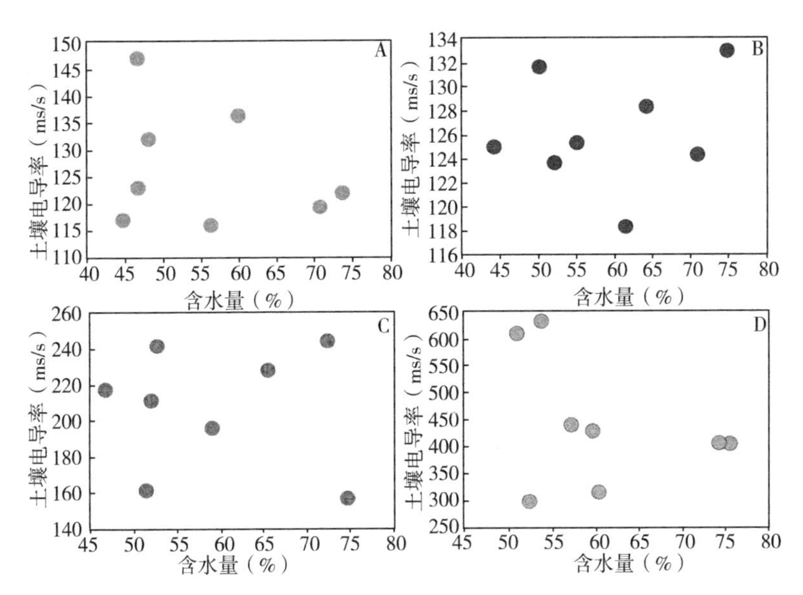

图 3.17　干燥前期苜蓿水分散失与土壤电导率的关系

时达到最低。水分散失与晾晒草层温度均呈正向线性关系。其中，轻度（$P<0.01$）和重度（$P<0.05$）盐碱地呈显著正相关，r^2分别达到了 0.860 和 0.791。但非盐碱地和中度盐碱地无显著性（图 3.19）。

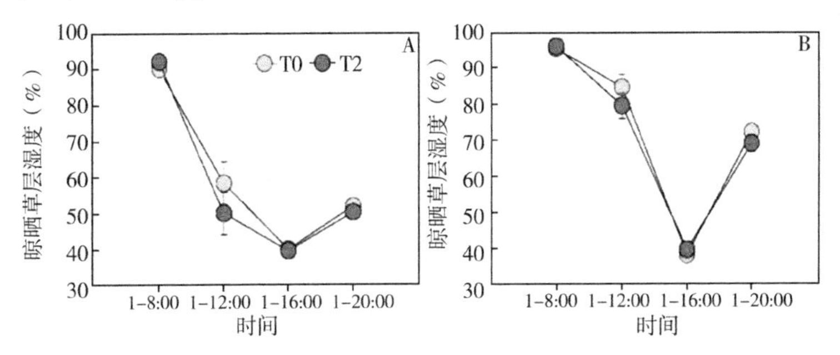

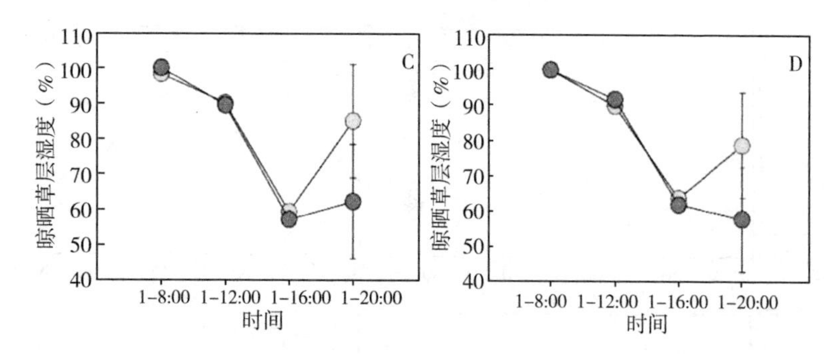

图 3.18　干燥前期晾晒草层湿度的变化

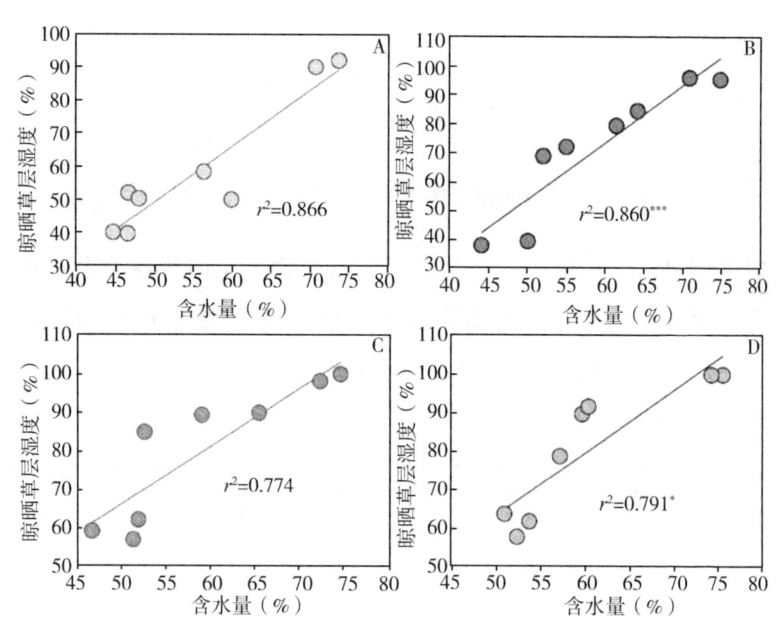

图 3.19　干燥前期苜蓿水分散失与晾晒草层湿度的关系

3.4.5 水分散失与晾晒草层温度的关系

由图 3.20 可知，重度盐碱地晾晒草层温度变化规律与非盐碱地、轻度盐碱地和重度盐碱地。重度盐碱地晾晒草层温度随着干燥时间的延长而降低，而其他均呈先升高后降低的趋势，以 12:00 达到最高。图 3.21 为水分散失与晾晒草层温度的散点图，经分析，二者间没有相关性，表明干燥前期饲草层温度不是影响水分散失的因素。

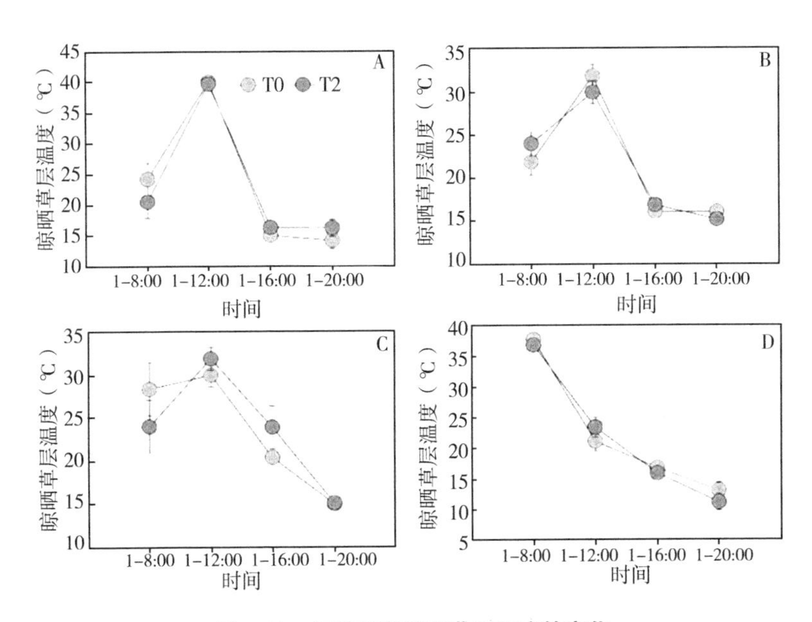

图 3.20 干燥前期晾晒草层温度的变化

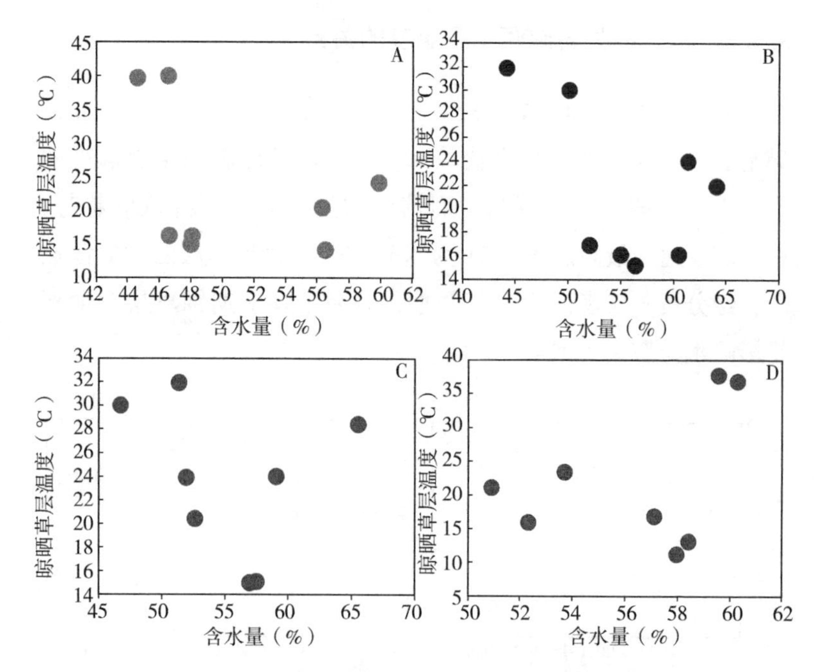

图 3.21　干燥前期苜蓿水分散失与晾晒草层温度的关系

3.5　盐碱地苜蓿干燥前期叶片水势和 K^+ 的变化

3.5.1　苜蓿叶片水势变化

图 3.22 为苜蓿干燥前期叶片水势含量变化，由图 3.22 可知，随着干燥时间的延长，苜蓿水势呈先升高后降低再缓慢上升的趋势，其中，起始水势值与其他时间值差异显著（$P<0.05$），16:00 时水势最低。起始水势分别为：非盐碱地 -1.29

MPa；轻度盐碱地-0. 85MPa；中度盐碱地-0. 62MPa；重度盐碱地-0. 57MPa。非盐碱、轻度、中度和重度盐碱地水势值均以16: 00 达到最大，到 20: 00 水势有所下降，这是因为在干燥前期外界气温返潮，叶片吸潮能力增强导致的。

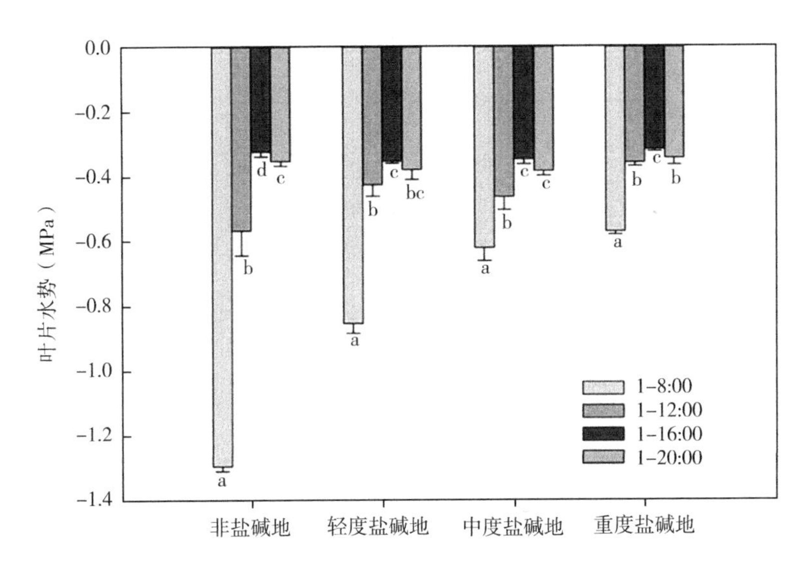

图 3. 22 干燥前期苜蓿叶片水势变化

3. 5. 2 苜蓿叶片水势与水分含量的关系

水势与含水量的关系见图 3. 23。由图 3. 23 可知，水势与含水量的变化呈线性负相关性，其中拟合度分别达到了 0. 932（$P<0.001$）、0. 718（$P<0.001$）、0. 853（$P<0.01$）和 0. 945（$P<0.01$）。

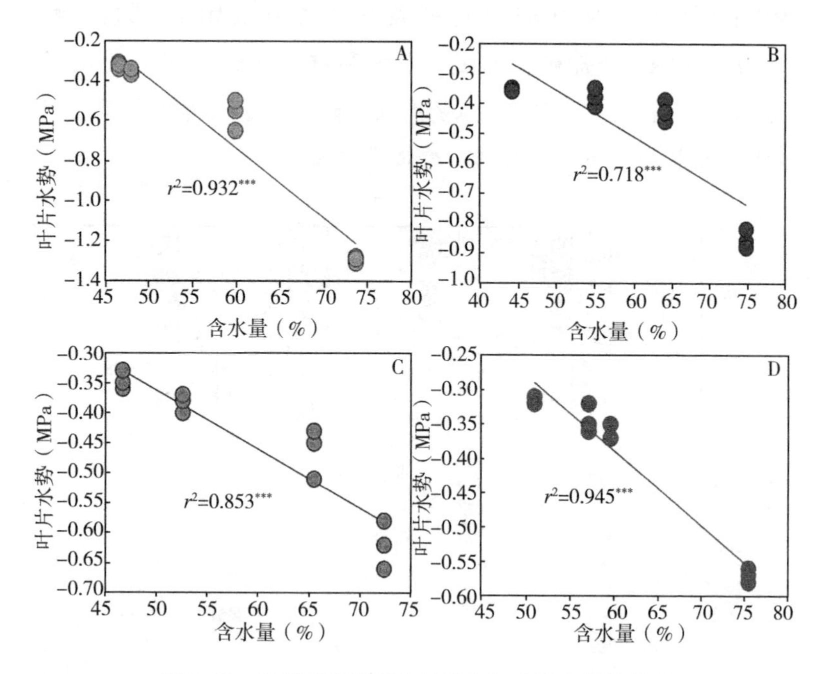

图 3.23　干燥前期苜蓿水分散失与叶片水势的关系

3.5.3　苜蓿叶片 K^+变化

干燥前期叶片 K^+的变化见图 3.24，由图 3.24 可知，K^+含量随着时间的延长而呈先下降后升高的趋势。干燥 0h 与其他时间样品差异显著（$P<0.05$），非盐碱地 8:00 含量为 6.27mmol/g DW，分别较 12:00、16:00、20:00 高了 2.60mmol/g DW、3.37mmol/g DW 和 2.84mmol/g DW；轻度盐碱地为 7.43mmol/g DW 较其他时间样品分别高了 2.36 mmol/g DW、4.30 mmol/g DW 和 3.80mmol/g DW；中度盐碱地为 6.13mmol/g DW，分别较

其他时间高了 1.93 mmol/g DW、3.36 mmol/g DW 和 2.80mmol/g DW；重度盐碱地为 4.96mmol/g DW，分别较其他时间高了 1.26 mmol/g DW、1.86 mmol/g DW 和 1.66mmol/g DW。

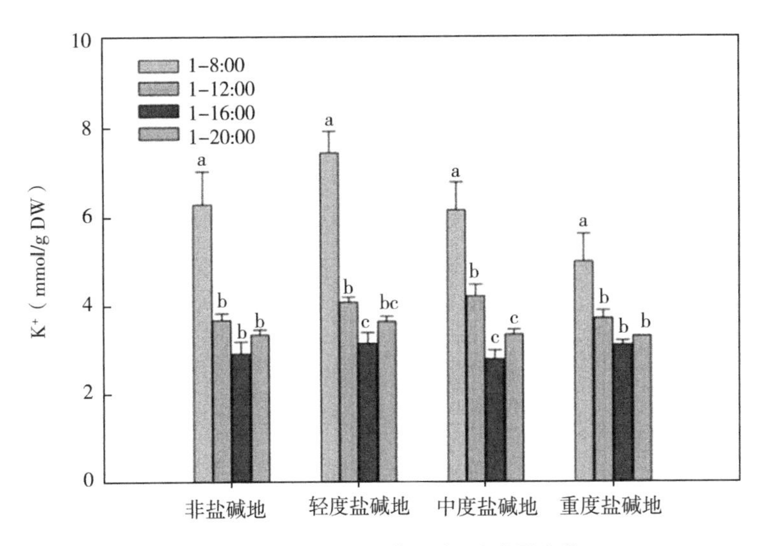

图 3.24 干燥前期苜蓿叶片 K^+含量变化

3.5.4 苜蓿叶片 K^+与水分含量的关系

图 3.25 为 K^+与水分含量的关系，非盐碱地相关性拟合度达到了 0.844，差异极显著（$P<0.001$）；轻度和中度盐碱地分别为 0.773 和 0.853，差异极显著（$P<0.001$）；重度盐碱地为 0.858，差异显著（$P<0.01$）。这说明在干燥前期叶片 K^+与水分散失有很强的正相关性。

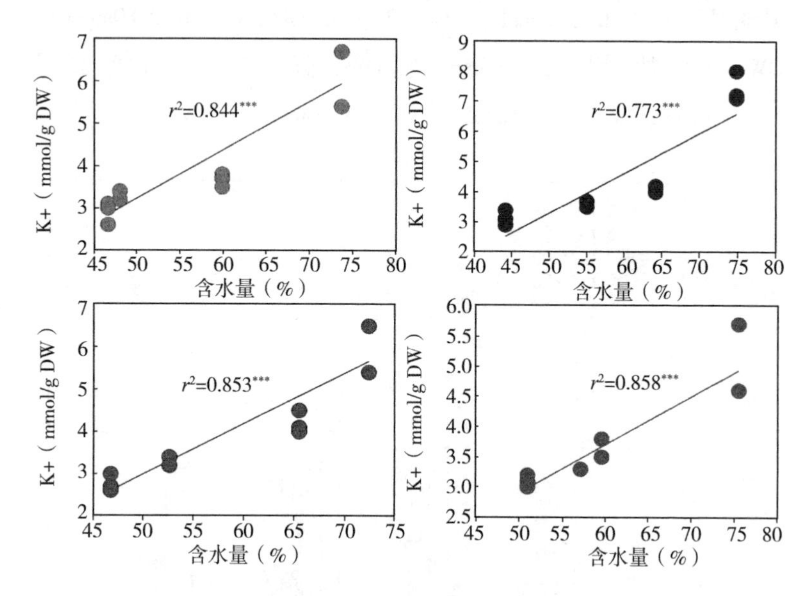

图 3. 25 干燥前期苜蓿水分散失与叶片 K^+ 的关系

3. 5. 5 叶片水势与 K^+ 的关系

图 3. 26 为苜蓿叶片水势与 K^+ 的关系，由图 3. 26 可知，各处理下苜蓿水势与 K^+ 均呈线性负相关（非盐碱地和中度盐碱地：$P<0.001$；轻度和重度盐碱地：$P<0.05$）。表明叶片在干燥前期，叶片水势的变化与 K^+ 含量有密切的关系。

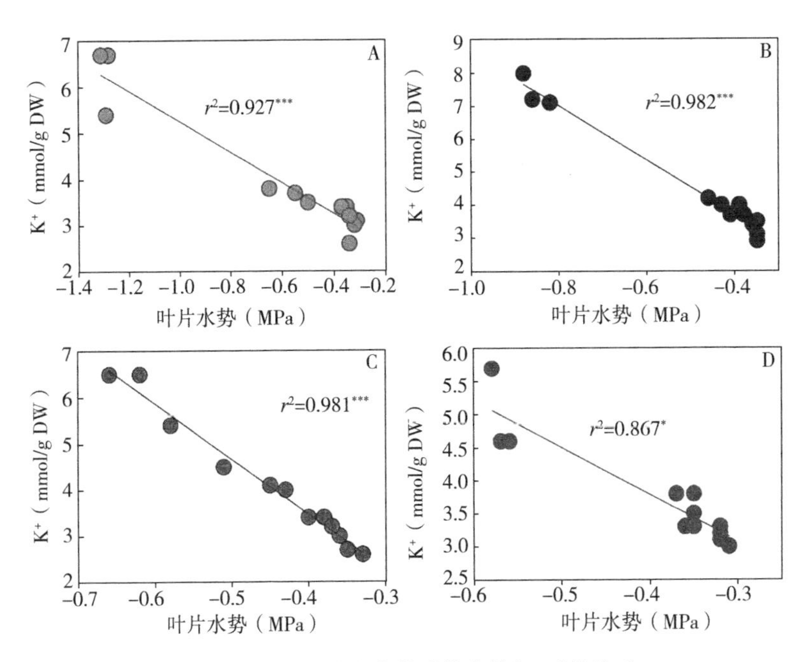

图 3.26　干燥前期苜蓿叶片水势与 K^+的关系

4 讨论

4.1 留茬高度和土壤盐碱化程度对苜蓿生产性能及干草品质的影响

适宜的留茬高度不仅是保证苜蓿产量和品质的必要条件，更是直接影响苜蓿越冬性能、枝条翌年返青及生长的重要保障。通常，留茬高度的选择受地区气候、土壤质地和水文条件的影响。有研究表明，当留茬高度低于 3cm 时，全年各茬次草产量较差，当留茬高度大于 4cm 时，苜蓿草产量较好[72]。刘杰淋[73]研究发现，留茬高度在 3cm 时，可有效提高盐池县苜蓿再生速度和根系状况进而增加草产量。侯美玲等[53]通过对华北地区的不同留茬高度的苜蓿产量、农艺性状和干草品质进行了分析，发现 5~8cm 为适宜的留茬高度，末茬适当提高留茬高度可提高根部的越冬能力。前人对华北、华南、东北等苜蓿种植区域进行了留茬高度的研究，但对河套地区盐碱地的刈割留茬高度探究鲜有报道，大量研究以留茬高度 3cm、6cm 和 11cm 为节点，因此，本研究综合前人经验，设置了 4~6cm、6~8cm 和 8~11cm 3 个处理。本研究发现，留茬高度为 4~6cm 时，苜蓿具有更高的鲜干草产量和茎叶比，这与王坤龙[74]和刘燕等[75]研究结论相同，表明在河套地区盐碱地近地面刈割可能会促进侧芽的生长。本研究还发现，苜蓿生产性能也受盐碱化土壤的影响，在相同刈割留茬高度下，轻度盐碱地苜蓿产量较高，中度和重度盐碱地草产量较低，这可能是因为适当的盐碱胁迫促进了植物的生长，而过度的盐碱胁迫抑制了植物的生长。本研究中，4～6cm的留茬高度具有更高的DM含量，但CP含量却呈现出与其他指标不同的规律，各盐碱地研究区8～11cm具有更高的CP含量，原因是苜蓿的大部分CP都集中在叶片中，而留茬高度越高，样品中茎所占比例越低，因此，总CP含量越高。饲草的适口性及饲草在反刍动物胃中的可消化性是评判饲草能否饲喂家畜的关键指标，本试验中，4～6cm和6～8cm具有更低的ADF和NDF值，表明苜蓿具有较好的适口性和可消化性，同样4～6cm和6～8cm具有更高的RFV值，具有较良好的经济效益。此结论与侯美玲等[53]结论相同，但与娜娜[52]研究结论相反，原因可能是苜蓿也受盐碱地土壤墒情的影响，本研究数据表明，在相同留茬高度下，与非盐碱地苜蓿对比，轻度盐碱地苜蓿DM含量、CP含量、NDF和RFV无显著差异，证实适当的轻度盐碱胁迫未对苜蓿的关键营养指标产生影响。图3.2和图3.3的趋势表明，与中度和重度盐碱地苜蓿相比较，非盐碱地和轻度盐碱地苜蓿DM含量、CP含量和RFV较高，ADF和NDF较低，这可能是苜蓿品质受盐碱化土壤影响较大。在河套地区，由于其土壤气候的特殊性，土壤和天气也是影响其品质的关键因素，在生长过程中，盐碱胁迫通常影响植株内的离子平衡，破坏细胞内流通速度，通过影响 K^+和 Na^+阻碍植株的生长。

4.2 翻晒对苜蓿水分含量变化及干草品质的影响

在调制干草过程中，干燥速率的变化会影响苜蓿干草的品质，更间接影响了农民的经济效益。而为保证苜蓿能尽快达到安全储备水分，在调制阶段使用翻晒处理来加快苜蓿的水分散失速度，缩短田间晾晒时间，加快田间作业效率。但翻晒处理通常会导致苜蓿的叶片脱落，进而致使干草品质降低，如何在保证苜蓿品质前提下进行有效翻晒决定了苜蓿干草的品质。尹强[20]对宁夏地区苜蓿收获技术进行研究，设置了翻晒 0 次、1 次和 2 次的不同处理，发现翻晒 1 次对苜蓿营养物质的损失程度最小，干燥速率最快。本研究中在预试验就将翻晒 1 次处理否决，结论完全相反。在预试验中，翻晒 1 次处理水分散失速度与翻晒 0 次差异不显著，且牧草品质较差。这可能是因为翻晒 1 次的含水量较低所致，此时部分叶片已经完成干燥，但茎部水分还未达安全贮藏标准，此时翻晒处理会使部分叶片脱落，影响苜蓿品质。而本研究中，通过两茬干草数据发现，非盐碱地翻晒 2 次处理达目标含水量所需时间较翻晒 0 次所需时间少 4h，中度盐碱地少 1h。根据苜蓿的营养成分分析，非盐碱地翻晒 2 次较不翻晒相比，CP 含量高、RFV 值高、ADF 和 NDF 值更低(表 3.1 和表 3.2)，在非盐碱地翻晒 2 次不仅能减少干燥时间，还对造成苜蓿营养损失影响较小。这可能是因为翻晒 2 次的时间选择上较为合理，在翻晒时未对干草品质造成损失，与娜娜[52]研究结论相反。对比分析轻度、中度和重度盐碱地的试验结果也不尽相同。轻度盐碱地 T2 和 T0 处理水分散失速率相差不显著，此外，T2 处理较 T0 处理 CP 含量更高、ADF 和 NDF 值更高，RFV 值无显著差异，综合分析表明，品质较 T0 处理相比较好，这可能是苜蓿本身和盐碱地土壤墒情所导致的。此外，本试验设计的翻晒分别在含水量 45%和 30%时进行，在轻度盐碱地中，翻晒第 1 次的时间恰好是在晚间，此时苜蓿受阳光辐射影响小，叶片坚韧鲜泽，因此，对苜蓿品质影响较小，这与刘兴元[56]和 Bleeds[54]的研究结论相一致。在盐碱地生长的苜蓿较非盐碱地的苜蓿本身就有差异，因此，在干燥过程中也会受到影响，此外，因为盐碱地通常具有更高的盐性和碱性，在干燥过程中会受其影响导致土壤温度、湿度及饲草晾晒层的环境与非盐碱有所差异，进一步影响了干燥速度和营养品质。而中度盐碱地的数据结果说明，干燥速度可能受盐碱地土壤影响更大，因为中度盐碱地生长的苜蓿植株小、品质低，但翻晒 2 次处理较不翻晒处理干燥时间短，表明在干燥过程中环境因子是影响水分散失的主要因素。

苜蓿茎部结构观察可从微观角度分析干燥情况的差异。在干燥过程中茎部通常受微生物的作用分解纤维组织，完成降解，但降解速率及组织变化程度与水分有密不可分的关系，通常水分散失速度越快，茎部降解速率也越快，组织内如髓、纤维维管束也相应产生变化[76]。前人研究表明，细胞壁是影响细胞内水分流通速度的关键因素[77]。而细胞壁是由纤维素、半纤维素和木质素构成，因此，当纤维木质部受到破坏时，细胞壁受损，破坏细胞内外平衡，水分流失速度也相应加快。本研究中，T2处理撕裂程度较T0处理深，其中，非盐碱地和轻度盐碱地纤维木质部也呈不同程度撕裂状，证明此时细胞内水分流失较T0处理多，从细胞内微观角度证实T2处理水分散失较快。

4.3 干燥前期苜蓿水分散失规律及其与环境因子的关系

本研究表明，在干燥前期，盐碱化土壤对苜蓿水分散失无显著影响，这说明在干燥过程中，刈割后生理阶段随着干燥时间的延长，外界环境条件和植物自身是影响水分散失的因素，土壤的盐碱化或理化性质不会对植物水分散失产生影响[6]。随着干燥时间的延加，环境因子不断变化，因此，干燥过程中环境因子变化是影响水分散失的因素，也就是说实际上，随着干燥时间的延长，环境因子有很大变化，所以，干燥时间极显著影响了水分散失（表3.11），盐碱化的土壤与水分散失无关，这恰与本研究结果相同（表3.10、表3.11），说明刈割后晾晒干草，盐碱地未对其水分含量产生影响。苜蓿在晾晒过程中的环境因子通常包括温度、阳光辐射强度、风速、空气湿度等。有研究表明，太阳辐射强度与干燥速率的相关性系数达到了0.61，与饲草层的温度的相关性系数为0.45。是影响水分散失速度的关键因素[20,66]。此外，苜蓿水分散失除受光照和温度影响外，还受土壤湿度和温度的影响，因为晾晒的干草通常是与地表直接接触，地表的温度和湿度也会影响水分散失，在河套盐碱地，土壤的盐度也可能是制约干燥速率的一个因素。前人对干燥过程中的环境因子的探究已有大量研究[63,78-80]。马万征等[78]发现，当天气状况良好时，太阳辐射是影响干燥速率的主要因素，其次是温度和湿度。而土壤的温度和湿度的变化是对大气环境中光照、温度和湿度的响应，本研究中土壤湿度和温度的变化证实了这个观点（图 3. 12 和图 3. 14）。与大气环境因子相对比，晾晒草层的温度和湿度更能精准地反映干草调制过程中的外界条件变化。王晶晶[79]发现，除湿度的影响，干燥调制技术也会影响水分散失，合理的摊晒厚度能加速干燥速度。侯武英[77]认为，土壤上层的湿度会影响干草品质，尤其在干燥前期的返潮阶段。本研究中分析了干燥前期土壤表层的温度、湿度和电导率，发现在非盐碱地和中度盐碱地土壤表层的湿度与水分含量呈极显著的正相关性，表明随着土壤湿度的降低，水分也随之散失，但在轻度和重度盐碱地却没有得出相同的结论。本研究中，土壤温度是影响非盐碱、轻度、中度和重度盐碱地水分散失的重要因素，与水分散失呈显著负相关性，表明水分含量随着土壤温度的升高而降低。本试验还发现，土壤电导率与水分含量并未构成拟合，表明水分散失与土壤电导率并无关系，更说明了土壤表层电导率不是影响水分散失的因素。但由于土壤电导率只代表了土壤中盐类的总含量，因此，下一步应侧重研究土壤碱化度等一些其他理化指标，探究其相关性关系。饲草层的温度与水分无回归性，饲草层的湿度影响了轻度和重度盐碱地苜蓿水分散失，但未影响非盐碱和中度盐碱地，这可能是在盐碱地中草层的微生物作用不同。

4.4 苜蓿刈割后叶片水势和 K^+ 的变化

在干燥前期也称干燥过程中的生理阶段[81]。此阶段植株细胞仍未死亡，植株只能消耗自身的营养物质散失水分，完成一系列生理活动[82]。而在植物的生理活动中，K^+ 离子通常对细胞代谢产生影响，尤其对植物消耗自身营养物质产生拮抗作用，减少植株营养和生物量的损失[83]。此外，K^+ 还会通过降低细胞渗透势对植株体内水分产生正面影响[84]。有研究表明，当细胞质中的电解质低于液泡中的电解质时，细胞中高浓度的有机质有助于渗透平衡，而当 K^+ 降低时，渗透平衡被破坏，加快组织内水分流失[84]。本研究中发现，叶片中 K^+ 含量降低，水分含量也随之逐渐下降，证实 K^+ 的降低破坏了渗透平衡，增加了细胞渗透势，加快了水分散失的结论，也进一步证实了在干燥前期，苜蓿以生理活动为主的理论。水势是植物水分亏损或表示水分状况的一个直接指标，也是生理阶段能直接反映水分变化的内部生理响应，通常叶片水势与水分运动规律密切相关[85]。叶片水势高，植物水分通过细胞间隙和气孔外流也相应加快，反之则减缓。叶片水势的变化强弱反映了植株水分运动的能力。水势越高，表明植物体内水分从液相变为气相的速度越快，水分流散失的速度越快。在干燥前期，苜蓿叶片以蒸腾耗水为主，叶片持水能力增强，水势增大，水分散失量相应增大，破坏了细胞内外的平衡，导致 K^+ 的流失和溶解（图 3.26）。植物水分含量随着叶片水势的增高而降低，证实了在干燥生理阶段，苜蓿是通过细胞间隙、气孔内室和气孔将水蒸气扩散到大气中的结论[86]。本研究中，苜蓿 20: 00 叶片水势值较 16: 00 低，表明夜间植物水势低，吸水能力强。证实了苜蓿在夜间吸潮能力强的特性，与尹强[20]和降晓伟[61]结论相同。

5 结论

本研究通过对河套地区盐碱地紫花苜蓿的收获技术和水分散失规律及影响因素进行了研究，得出以下结论。

（1）河套地区盐碱地苜蓿的最适留茬高度为4~6cm。

（2）在非盐碱地和轻度盐碱地，T2处理是较优的翻晒处理；在中度盐碱地，T0处理虽然干燥时间长，但干草营养价值更高；在重度盐碱地，T2处理没有减少干燥所需时间，对营养品质无显著影响。

（3）干燥前期，苜蓿水分散失与地表土壤温度具有线性负相关性；在非盐碱地和中度盐碱地，苜蓿水分散失与地表土壤湿度有线性正相关性；在轻度和重度盐碱地，苜蓿水分散失与晾晒草层湿度存在正相关性。此外，苜蓿水分散失与土壤电导率和晾晒草层温度无关。

（4）干燥前期，苜蓿水分散失与叶片水势和K^+含量密切相关。随着干燥时间的延长，水势增大，植物水分通过细胞间隙和气孔外流也相应加快，水分散失量相应增大；随着干燥时间的延长，K^+降低，渗透平衡被破坏，加快了组织内水分流失。

参考文献

[1] AL-KHATEEB A S. Effect of salinity and temperature on germination, growth and ionrelations of Panicum turgidum Forssk [J]. Bioresource Technology, 2006, 97 (2): 292-298.

[2] FLOWERS T, YEO A. Breeding for salinity resistance in crop plants: Where next? [J]. Australian Journal of Plant Physiology, 1995, 22 (6): 875-884.

[3] RUILI L, FUCHEN S, KENJI F, et al. Effects of salt and alkali stresses on germination, growth, photosynthesis and ion accumulation in alfalfa (*Medicago sativa* L.) [J]. Soil Science and Plant Nutrition, 2010, 56 (5): 725-733.

[4] ZHAO Q J, ZHANG L D, KAI G, et al. Irrigation with freezing saline water for 6 years alters salt ion distribution within soil aggregates [J]. Journal of Soils and Sediments, 2017, 19 (5): 97-105.

[5] WU J W, VINCENT B, YANG J Z, et al. Remote sensing monitoring of changes in soil salinity: a case study in

Inner Mongolia, China [J]. Sensors, 2008, 8 (11): 7035-7049.

[6] YONGGE Y, CAROLINE B, MARKVAN K, et al. Salinity - induced changes in the rhizosphere microbiome improve salt tolerance of hibiscus Hamabo [J]. Plant and Soil, 2019, 443: 523-529.

[7] ASHRAFI E, J RAZMJOO, M ZAHEDI. Changes in oil accumulation and fatty acid composition of soybean seeds under salt stress in response to salicylic acid and jasmonic acid [J]. Russian Journal of Plant Physiology, 2018, 65 (9): 229-236.

[8] XIAO H G, DAN L J, YAN H, et al. Identifying a major QTL associated with salinity tolerance in Nile Tilapia using QTL-Seq [J]. Marine Biotechnology, 2018, 20 (9): 98-107.

[9] 国务院办公厅. 中共中央国务院关于实施乡村振兴战略的意见 [EB/OL]. (2018-02-05) [2018-02-05]. http: //www. gov. cn/zhengce/content_ 5325534.

[10] 郭琦. 黄委与河南省座谈: 为推动黄河流域生态保护和高质量发展提供有力科技支撑 [J]. 人民黄河, 2020, 42 (4): 2.

[11] 中华人民共和国农业部. 农业部关于进一步调整优化农业结构的指导意见 [EB/OL]. (2017-11-29) [2017-11-29]. http: //moa. gov. cn/gk/tzgg_ t/tz/

201502/t20150217_ 44135.

[12] 梁庆伟，杨秀芳，娜日苏，等. 阿鲁科尔沁旗紫花苜蓿产业发展的 SWOT 分析与建议［J］. 黑龙江畜牧兽医，2019（22）：7-12.

[13] 彭岚清，李欣勇，齐晓，等. 紫花苜蓿品种根部特性与持久性和生物量的关系［J］. 草业学报，2014，23（2）：147-153.

[14] 洪绂曾，卢欣石，高洪文. 苜蓿科学［M］. 北京：中国农业出版社，2009.

[15] 贾玉山，玉柱. 牧草饲料加工与贮藏学［M］. 中国农业大学出版社，2018.

[16] 李艳芬，程金花，田川尧，等. 双乙酸钠对苜蓿青贮品质、营养成分及蛋白分子结构的影响［J］. 草业学报，2020，29（2）：163-171.

[17] 杨斌. 紫花苜蓿规模化生产关键技术的研究［D］. 呼和浩特：内蒙古农业大学，2006.

[18] 汪武静，王明利，吕官旺，等. 美国苜蓿贸易——趋势、经验与启示［J］. 草业科学，2016，33（3）：527-534.

[19] 张洁冰，南志标，唐增. 美国苜蓿草产业成功经验对甘肃省苜蓿草产业之借鉴［J］. 草业科学，2015，32（8）：1337-1343.

[20] 尹强. 苜蓿干草调制贮藏技术时空异质性研究［D］. 呼和浩特：内蒙古农业大学，2013.

[21] 王明利. 我国牧草产业发展现状，未来趋势及政策建议分析 [A]. 国家牧草产业技术体系产业经济研究室，2013：22-25.

[22] 杨茁萌. 2013 年中国苜蓿市场分析 [J]. 中国奶牛，2013（15）：13-16.

[23] 高爱民，张雪坤，王咏梅，等. 机械压实对不同类型苜蓿地土壤结构影响的试验研究 [J]. 林业机械与木工设备，2019，47（12）：53-58.

[24] 张英俊. 中国现代农业产业可持续发展战略研究——牧草分册 [M]. 中国农业出版社，2018.

[25] KOCA H M, BOR F, OZDEMIR, et al. The effect of salt stress on lipid pero-xidation, antioxidative enzymes and proline content of sesame cultivars [J]. Environment and Experimental Botany, 2007, 60 (3): 344-351.

[26] EMAM Y, BIJANZADEH E, NADERI R, et al. Effects of salt stress on vegetative growth and ion accumulation of two alfalfa (*Medicago sativa* L.) cultivars [J]. Academic Journal, 2009, 14 (2): 818-831.

[27] YAN X, SHIJUAN H, XIAONING L, et al. Amelioration of salt stress on bermudagrass by the fungus aspergillus aculeatus [J]. Molecular Plant-Microbe Interactions, 2017, 30 (3): 245-254.

[28] TRACEY A N, STEWART A B, REMI C, et al. A

root's ability to retain K^+ correlates with salt tolerance in wheat [J]. Journal of Experimental Botany, 2008, 59 (10): 2697-2706.

[29] QADIR M A D, NOBLE J D, OSTER S, et al. Driving forces for sodium removal during rhytoremediation of calcareous sodic and saline-sodic soils: a review [J]. Soil Use and Manage, 2007, 96 (21): 173-180.

[30] QADIR M, SCHUBERT S. Degradation processes and nutrient constraints in sodic soils [J]. Land Degradation & Development, 2002, 13 (4): 275-294.

[31] 王征宏, 杨起, 张亚冰. 盐胁迫下紫花苜蓿种子的萌发特性 [J]. 河南科技大学学报（自然科学版）, 2006, 27 (1): 67-69.

[32] 杨恒山, 曹敏建, 李春龙, 等. 苜蓿施用磷、钾肥效应的研究 [J]. 草业科学, 2003, 20 (11): 19-22.

[33] 李潮流, 周湖平, 张国芳, 等. 盐胁迫对多叶型苜蓿种子萌发的影响 [J]. 中国草地, 2004, 26 (2): 22-26.

[34] 耿华珠, 李聪, 李茂森. 苜蓿耐盐性鉴定初报 [J]. 中国草地, 1990 (2): 69-72.

[35] 田福平, 王锁民, 郭正刚, 等. 紫花苜蓿脯氨酸含量和含水量、单株干质量与抗旱性的相关性研究 [J]. 草业科学, 2004, 21 (1): 3-6.

[36] XIONG X, LIU N, WEI Y Q, et al. Effects of non-u-

niform root zone salinity on growth, ion regulation, and antioxidant defense system in two alfalfa cultivars [J]. Plant Physiology and Biochemistry, 2018, 132: 434-444.

[37] WU W L, ZHANG Q, ERVIN E H , et al. Physiological mechanism of enhancing salt stress tolerance of perennial ryegrass by 24-rpibrassinolide [J]. Frontiers in Pant Science, 2017, 8: 1017.

[38] SUN J J, YANG G W, ZHANG W J, et al. Effects of heterogeneous salinity on growth, water uptake, and tissue ion concentrations of alfalfa [J]. Plant and Soil, 2016, 408: 211-226.

[39] 孙娟娟. 紫花苜蓿幼苗对盐分空间异质性分布的响应机制 [D]. 北京：中国农业大学, 2016.

[40] 洪绂曾. 草业与西部大开发 [M]. 北京：中国农业出版社, 2001.

[41] 刘振宇. 紫花苜蓿合理收获及晒制打捆技术 [J]. 当代畜牧, 2001 (4): 23-25.

[42] 宗志强. 草业在畜牧业发展中的作用 [J]. 今日畜牧兽医, 2020, 36 (1): 76.

[43] LLOVERA J, FERRAN J. Harvest management effects on alfalfa production and quality in mediterranean areas [J]. Grass and Forage Science, 1998, 53 (1): 88-92.

[44] 李昌伟，高飞，刘继远．紫花苜蓿发育规律及不同收获茬次产量与营养构成研究［J］．北京农业，2008（3）：18-20.

[45] 马东，张燕，王祥云．苜蓿的收获、贮藏与加工方法［J］．畜牧兽医杂志，2012，31（1）：79.

[46] 杨秀芳，梁庆伟，娜日苏，等．年刈割次数对科尔沁沙地不同秋眠级紫花苜蓿品种产量、品质和越冬率的影响［J］．草地学报，2019，27（3）：637-643.

[47] 孟凯，闫士元，米福贵．刈割次数对种植当年草原3号杂花苜蓿生长特性、产量及品质的影响［J］．畜牧与饲料科学，2018，39（11）：44-48.

[48] 包乌云，赵萌莉，安海波，等．刈割对不同苜蓿品种生长和产量的影响［J］．西北农林科技大学学报（自然科学版），2015，43（2）：65-71.

[49] 许新新，李长慧，张静．不同收割期紫花苜蓿产草量与粗蛋白质营养动态分析［J］．安徽农业科学，2007，35（18）：5460-5462.

[50] 刘凤凤．不同留茬高度与刈割时期对苜蓿品质及产量影响［J］．现代农业科技，2019（18）：178.

[51] 王丽学，冯婧，马强，等．不同刈割时期和留茬高度紫花苜蓿品质动态研究［J］．中国饲料，2018（3）：40-44.

[52] 娜娜．田间调制技术对苜蓿干燥速率及营养品质的影响［D］．呼和浩特：内蒙古农业大学，2018.

[53] 侯美玲，刘庭玉，孙林，等. 华北地区紫花苜蓿适宜刈割物候期及留茬高度的研究 [J]. 草原与草业，2016，28 (2)：43-51.

[54] BLEEDS B L, HEINRICHS A J. Losses and quality changes during harvest and storage of preservative treated alfalfa fay [J]. Transaction of the ASAE, 1992, 36 (2): 349-353.

[55] 王钦. 牧草的干燥与贮备技术 [J]. 中国草地，1995 (1)：55-58.

[56] 刘兴元. 优质苜蓿草捆加工生产技术的研究 [J]. 草业科学，2001，18 (2)：8-10.

[57] 同桑措姆. 牧草干燥过程中水分散失规律的研究 [J]. 畜牧与饲料科学，2017，38 (6)：59-61.

[58] 刘景艳，刘伟峰，张欣达，等. 提高苜蓿茎秆干燥速率的试验研究 [J]. 农机化研究，2013，35 (9)：194-197.

[59] 韩明通. 西藏地区紫花苜蓿和多年生黑麦草干草调制与贮藏技术的研究 [D]. 南京：南京农业大学，2011.

[60] 高彩霞. 苜蓿干草加工调制与高水分贮藏技术的研究 [D]. 北京：中国农业大学，1997.

[61] 降晓伟. 典型草原牧草干燥机制及其营养品质研究 [D]. 呼和浩特：内蒙古农业大学，2019.

[62] 马万征，邢素芝，马万敏，等. 不同环境因子对温室

黄瓜叶片蒸腾速率影响 [J]. 赤峰学院学报（自然科学版），2012，28（19）：20-22.

[63] 刘丽英. 苜蓿干燥过程中环境因子对营养物质的影响机制及田间调控策略研究 [D]. 呼和浩特：内蒙古农业大学，2018.

[64] 董洁，董秋丽，夏方山，等. 不同盐碱度对菊芋光合特性的影响 [J]. 中国草地学报，2012，34（4）：42-47.

[65] 王运涛，于林清，远婷，等. Na_2CO_3盐胁迫对 10 个苜蓿品种生长初期地下指标的影响 [J]. 草地学报，2017，25（4）：790-795.

[66] 都帅，尤思涵，刘燕，等. 不同刈割时期与刈割高度对苜蓿品质的影响 [J]. 草地学报，2016，24（4）：874-878.

[67] 于浩然，贾玉山，刘鹰昊，等. 土壤盐碱度和留茬高度对苜蓿农艺性状及干草品质的影响 [J]. 西北农林科技大学学报（自然科学版），2020，48（1）：33-39.

[68] 陈鹏飞，戎郁萍，玉柱，等. 微波炉测定紫花苜蓿含水量的初步研究 [J]. 中国草地学报，2006（3）：53-55.

[69] 张丽英. 饲草分析及饲料质量检测技术 [M]. 中国农业大学出版社，2016.

[70] 徐俊，侯玉洁，赵国琦，等. 瘤胃微生物对苜蓿茎降

解特性及超微结构的影响［J］. 动物营养学报，2014，26（3）：776-782.
［71］马蓓. 酸凝乳的扫描电镜样品制备方法［J］. 电子显微学报，2019，38（1）：75-77.
［72］王学春，王红妮，杨国涛，等. 四川丘陵旱地高温季节苜蓿留茬高度的再生效应［J］. 中国草地学报，2017，39（4）：41-48.
［73］刘杰淋，朱瑞芬，刘凤歧，等. 寒冷地区不同刈割方式对紫花苜蓿产量、品质的控制效果研究［J］. 黑龙江畜牧兽医，2018（23）：126-130.
［74］王坤龙，宋彦君，史树生，等. 留茬高度对苜蓿再生干草质量及返青率的影响［J］. 黑龙江畜牧兽医，2016（23）：124-126.
［75］刘燕，贾玉山，冯骁骋，等. 紫花苜蓿刈割和晾晒技术研究［J］. 草地学报，2014，22（2）：404-408.
［76］张金青，陈奋奇，汪芳珍，等. 紫花苜蓿茎秆组织中木质素的分布与沉积模式［J］. 草业科学，2018，35（2）：363-370.
［77］张树振. 紫花苜蓿种质生物质能源性状评价及其茎细胞壁木质素沉积特性研究［D］. 兰州：兰州大学，2013.
［78］马万征，邢素芝，马万敏，等. 不同环境因子对温室黄瓜叶片蒸腾速率影响［J］. 赤峰学院学报（自然科学版），2018，28（19）：20-22.

[79] 王晶晶，簠莉葛，王立. 通度对紫花苜蓿干燥速率的影响 [J]. 草原与草坪，2007（3）：17-24

[80] 侯武英. 浅谈苜蓿干草收获技术 [J]. 农村牧区机械化，2003，3：16-18.

[81] 都帅，尤思涵，包健，等. 天然草地牧草干草品质对刈割时间和晾晒时间的响应 [J]. 草原与草业，2017，29（1）：38-42.

[82] 杨耀胜. 不同调制方式对苜蓿干草品质的影响 [D]. 郑州：河南农业大学，2009.

[83] TANYALCIN T，KUTAY F，SOYDAN I，et al. Erythrocyte Na^{+}，K^{+} -ATPase activity does not predict therapeutic response to calcium antagonists in essential hypertension [J]. Clinical Chemistry，1994，40：1532-1536.

[84] KOUSHIK C，DEBARATI B，HAR N M，et al. External potassium（K^{+}）application improves salinity tolerance by-promoting Na^{+}-exclusion，K^{+}-accumulation and osmotic adjustmentin contrasting peanut cultivars [J]. Plant Physiology and Biochemistry，2016，103：143-153.

[85] 付爱红，陈亚宁，李卫红，等. 干旱、盐胁迫下的植物水势研究与进展 [J]. 中国沙漠，2005（5）：744-749.

[86] 刘忠宽，王艳芬，汪诗平，等. 不同干燥失水方式对牧草营养品质影响的研究 [J]. 草业学报，2004（3）：47-51.

缩略语表

DM（Dry matter）	干物质
CP（Crude protein）	粗蛋白质
NDF（Netural detergent fiber）	中性洗涤纤维
ADF（Acid detergent fiber）	酸性洗涤纤维
DDM（Digestible dry matter）	可消化干物质
DMI（Dry matter intake）	干物质采食量
RFV（Relative feeding value）	相对饲用价值
SEM（Scanning electron micrograph）	扫面电镜
K^+（Kalium ion）	钾离子

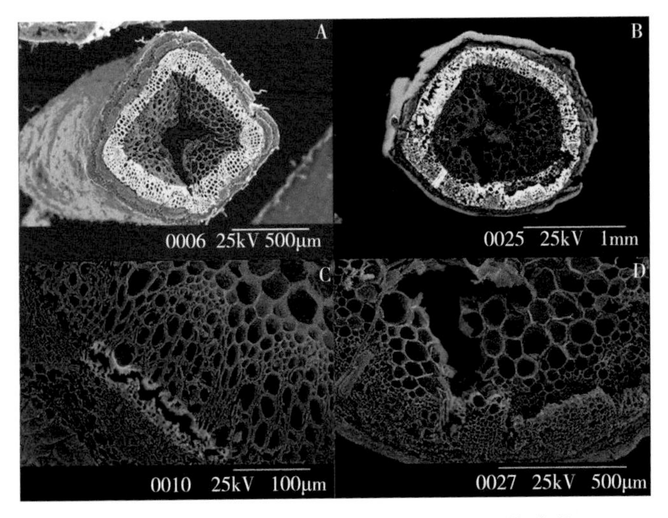

图3.8　非盐碱地翻晒处理后茎部超微结构变化

（T0处理：A，C；T2处理：B，D；图3.9至图3.11同）

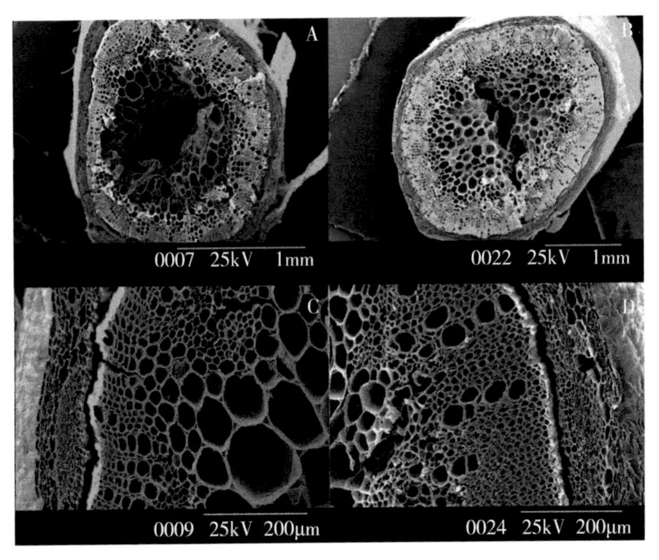

图3.8　轻度盐碱地翻晒处理后茎部超微结构变化

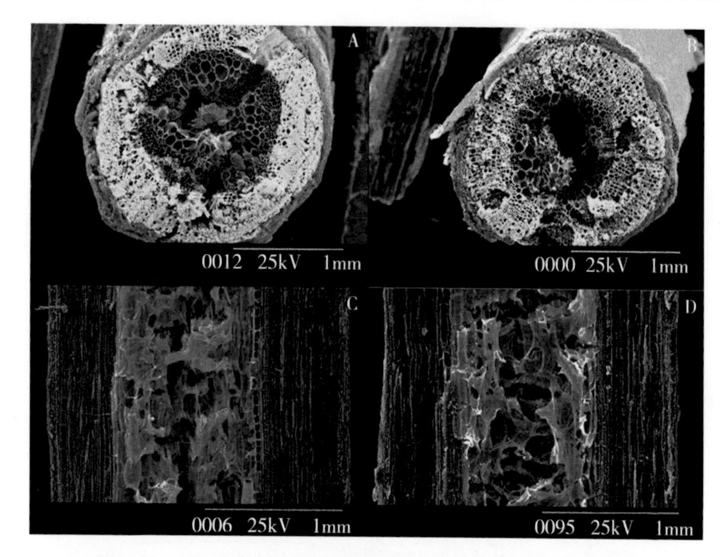

图3.10　中度盐碱地翻晒处理后茎部超微结构的变化

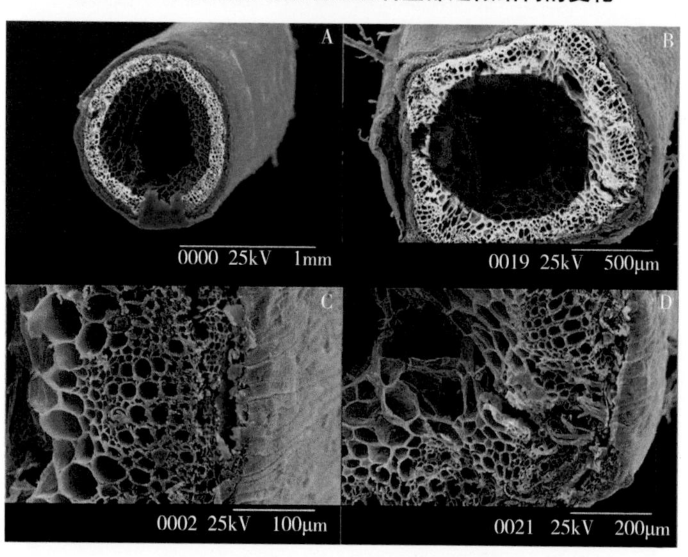

图3.11　重度盐碱地翻晒处理后茎部超微结构的变化